모르고
먹고
알고
버리는
물

한국과학기술한림원

- 과학기술에 전문적 경륜과 식견을 가진 석학들을 회원으로 엄선, 각 부문별 전문성을 효율적으로 활용함으로써 국가 과학기술의 진흥과 창달에 기여하기 위해 1994년에 설립되었습니다.
- 2005년 기초과학연구진흥법 제11조(한국과학기술한림원의 설립 등)에 의거 법정기구화되었습니다.
- 독립성, 자율성 및 전문성을 바탕으로 하는 순수 민간 과학아카데미로, 편견 없는 대정부 정책자문을 통해 올바른 과학기술정책의 수립을 유도하고 있으며, 범부처적 국가 과학기술정책에 대한 자문과 건의를 통한 과학기술발전의 장기적 비전을 제시하고 있습니다.
- 우리나라의 과학기술 선진국 진입을 위한 기초 과학기술 진흥사업을 수행하고 있으며, 외국 한림원 및 과학기술 국제기구 등과의 학술교류를 통해 과학기술 민간외교의 중심체 역할을 담당하고 있습니다.

모르고 먹는 알고 버리는 물

1판 1쇄 찍음 | 2016년 11월 1일
1판 1쇄 펴냄 | 2016년 11월 10일

지은이 | 최의소
발행인 | 주정회
발행처 | 자유아카데미
등록 | 제 406-2003-017호, 1980. 7. 12

주소 | 경기도 파주시 회동길 37-42 파주출판도시
전화 | 031-955-1321
팩스 | 031-955-1322
홈페이지 | www.freeaca.com
전자우편 | main@freeaca.com(대표)
editor@freeaca.com(편집)
crm@freeaca.com(영업)

ISBN 979-11-5808-110-2 93530

한국과학기술한림원
『석학, 과학기술을 말하다』 시리즈 ㉕

모르고 먹고 알고 버리는 물

최의소 지음

자유아카데미

차례

1. 책을 펴내면서

2. 모르고 먹는 물

3. 알고 버리는 물/분뇨와 쓰레기

4. 책을 마무리하면서

◇◇◇◇◇

출판을 결정하여 준 한국과학기술한림원과 출판 작업을 해 주신 자유아카데미 여러분들께 감사를 표한다. 그리고 일생 동안 반려자로써 조언을 해 준 아내와 원고를 읽기 쉽게 다듬어 준 자부 은성, 표지를 만들어 준 딸 은영에게 감사를 표한다. 무엇보다 지금까지 일하게 해 주신 하나님께 감사를 드린다.

1.

책을 펴내면서

책을 쓰는 동기

내가 물을 전공한다고 하면, 사람들이 꼭 묻는 질문이 있다. 이 질문은 우리나라에서나 외국에서나 마찬가지이다. 바로 어떤 물을 먹어야 하느냐이다. 나는 이것이 물에 대한 관심의 하나라고 생각한다. 아마도 이 질문은 수돗물과 bottled water 중에 어느 것이 좋으냐는 의미도 포함되어 있을 것이다. 대부분이 수돗물보다는 bottled water가 더 좋다는 생각이 있어서인지, 수돗물을 먹는다고 하면 놀랍다는 반응을 보인다. 이러한 관심 속에 bottled water 시장은 점점 그 규모가 커지고 있다.

그렇다면 과연 어떤 물이 좋은 물일까? 수돗물은 먹어도 되는가? 도시에서 살다 보면 물을 어디에서 취수하여 어떻게 처리하고 보내지는지 몰라도, 물만 나오면 큰 불편 없이 잘 지낸다. 하지만 우리에게도 수돗물이 없던 시절이 있었다. 지난해에는 42년 만의 가뭄으로 중부권이 먹을 물도 마음 놓고 구하지 못하였다고 하는데 이러한 수돗물 부족 현상은 1980년대 중반까지 있었던 것으로 기억한다. 필자가 이 책을 쓰는 목적 중의 하나는 물을 취수하여 어떻게 처리하는지를 소개하여 물에 대한 궁금증을 풀어주고자 하는 것이다. 이를 통해 독자 스스로 어떤 물을 먹어야 하는지를 결정할 수 있을 것이다.

특히 버리는 물은 하수관거를 통해서 보이지 않는 곳으로 가기 때문에 대부분의 사람들이 신경을 쓰지 않는데 물은 결국 재사용하게 되어 있어 이 부분도 관심을 가져야 깨끗한 물을 먹을 수 있다. 즉 버린 물은 어디로 가며, 또 어떻게 처리되는지에 대해서도 이야기할 것이다. 특히 화장실 문제와 쓰레기 문제는 물과 직접적으로 관련되어 있어 이 부분에 대한 소개도 실었다.

현재 전 세계 인구는 약 70억 명인데, 2050년이 되면 90~100억 명이 된다고 한다. 따라서 그때는 이 인구가 제한된 수자원을 나누어 먹어야 한다. 또한 에너지의 지나친 사용으로 지구 온난화가 진행되고 있어 우리의 생활 방식을 바꾸어야 하지 않을까 하는 생각도 든다. 이러한 미래를 위한 준비에 필요한 내용을 정리해 보았다.

세계와 우리나라의 물 현황/ 홍수와 가뭄, 국가 간 물 분쟁

사람이 살아가는 데 가장 중요한 것을 세 가지만 이야기해 보라는 질문을 받았다고 가정해 보자. 모든 사람이 동일하게 답하지는 않겠지만, 대부분의 사람들이 공기(또는 산소)와 물과 음식이라고 답할 것이다. 숨을 쉬지 않고는 3분을 넘기기 힘들고, 물 없이는 3일을 넘기기 힘들고, 음식을 섭취하지 않고는 3주를 넘기기 힘들다고 하니, 비록 1위의 자리는 공기(또는 산소)에게 내주었다고 하더라도 2위는 단연 물이라고 할 수 있지 않을까 생각한다. 전기는 없어도 사는 데 물 없이는 못 산다고 한다. 에티오피아 방문 시에 어느 교민이 해 준 말이다.

최근 UNSDG(United Nation Sustainable Development Goal: UN의 지속발전 목표) 통계자료(2016. 1)를 보면 전 세계 인구의 1/3인 24억 명이 변소가 없는 불량한 환경에서 살고 있으며 일상생활에서 배출되는 하수의 80%가 그대로 방류되고 있다고 한다. 이로 인해 비위생적인 물을 먹는 인구는 18억 명에 달하며, 가까운 거리에 먹을 물이 없는 인구는 7억 명으로 매년 설사병으로 42만 명이 사망한다고 한다. 이는 하루에 1150명, 시간당 50명, 1분에 0.8명 가량이 죽는 셈이다. 이 중 5세 이하가 전체의 1/3 가량이다. 지구 상의 사막 면적은 연간 약 60000 km^2씩 증가하며, 사막화로 위협을 받는 인구는 100개국에서 15억 명이나 된다(오르세나, 2008). 아직 물 때문에 전쟁이 일어나지는 않았다고 하지만, 앞으로는 인구 증가와 이에 따른 물 부족 때문에 갈등이 심해질 것으로 보인다. 이러한 갈등이 심한 대표적인 지역은 갠지스 강과 브라마푸트라 강 유역(중국, 인도, 방글라데시), 서부 아프리카(오카방고, 림포포, 잠베지 강), 러시아와 중국의 극동 국경지대 등이다.

인류의 발전을 주도한 거대한 4대 문명은 메소포타미아, 인더스, 이집트, 황하이다. 이 강들의 물들을 기반으로 농경이 가능하였기 때문이다. 물 없이는 인류의 문명이 시작될 수 없었고 현재의 우리도 없으며, 미래도 생각할 수 없는 것이다. 그렇기 때문에 계속 늘어나는 인구와 그에 따른 농산물을 생산할 만한 물이 충분한지 또 식량을 생산하기 위한 농토가 충분한지 등은 우리가 당면한 미래의 걱정거리가 아닐 수 없다. 과거에는 어려움 없이 얻을 수 있었던 물이 이제 기후 변화라는 새로운 환경 속에서 미래를 약속해 줄 수 있을지 걱정이 앞서기도 한다.

사실상 인류 문명이 시작되었던 4대강은 대부분 물이 없는 곳으로 변하고 말았다. 그 이유는 많은 인구를 수용하기 위한 산림 벌채 때문이라고 한다. 즉 농토를 만들기 위해, 그리고 집을 짓기 위해 필요한 나무를 벌채하여 빗물이 저장될 수 없었기 때문이다. 이러한 현상은 이북에서도 쉽게 볼 수 있다. 식량 증산을 위해 산비탈에 농토를 조성하였는데 이 지역에서 빗물을 흡수하지 못하고 하류로 빗물이 내려가면서 토사가 함께 하류의 농토를 덮어버린 것이다. 결과적으로 하류의 농토도 망가져서 농사를 짓지 못하게 되어 장기적으로 식량 부족에 시달리고 있다. 이러한 현상들이 일종의 사막화 과정이다.

빗물은 상류로부터 하류로 토사를 운반한다. 특히 홍수 시에는 많은 양의 토사를 운반하는데, 특히 황하 강은 많을 때에는 1 m^3당 36 kg의 모래를 운반하여 하류에서의 강바닥이 들판보다 높은 곳도 있다고 한다. 베트남의 홍 강에서는 마을보다 30 m나 높은 곳이 있다(오르세나). 4대강 사업 이전에는 낙동강도 4~5 m나 높은 곳이 있었으며, 이때에는 조금만 비가 세차게 와도 하류에서 홍수가 일어났다고 한다. 홍수는 상류로부터 이송된 토사는 물론 강바닥의 토사를 이송시켜 새로운 농토나 주거 용지를 만들고 새로운 물길을 조성한다. 이와 같은 과정을 통해서 형성된 토지 위에 사람들이 정착하며 우물을 파고 도시를 만든다. 이러한 곳에 우물을 파서 사용할 경우 좋은 물도 있겠지만 나쁜 물도 있다. 나쁜 예가 비소(arsenic, 砒素)가 포함된 물이다. 실제로 히말라야에서부터 발원한 갠지스 강을 통해 하류에 조성된 퇴적층에서 비소가 용출되었다. 처음에는 이 사실을 모르다가 원인 모르게 사람들이 죽은 후에야 비로소 비소가 문제라는 것을 알게 되었다. 이것이 인도와 방글라데시의 비소 문제이다. 메콩 강도 마찬가지이다. 메콩 강 하류인 캄보디아와 베트남 접경 지역에서 비소가 검출되고 있다.

기후 변화는 물 부족 국가에게는 더욱 치명적이다. 부족한 물을 더욱 부족하게 만들고 있기 때문이다. 알프스 산의 빙하에 의지하던 유럽은 기후 변화로 빙하가 빨리 녹아 없어지게 되면 물이 부족하게 될 것이라는 전망이다. 이에 따라 농산물이 남아돌던 유럽도 농산물 수입국이 될 것이라는 전망이 나오고 있다. 특히 기후 변화에 의해서 식생대가 달라지고, 강우 패턴이 게릴라식으로 변하여 침수 피해가 예상되는 것이 오늘의 지구이다. 물과의 전쟁이라고 할 수 있다. 우리나라도 시간당 150 mm의 강우(이원환, 2010)를 기록한 경우도 있다. 최근 서울의 광화문 지역에도 단시간 내에 비가 많이 내려 침수되는 일이 있었는데, 그 해결책은 쉽지 않았다. 당시 시간당 100 mm 가량의 비가 내렸다고 하는데 하수관을 매우 크게 만들면 되겠지만 쉽지 않은 일이다. 북구에서와 같이 토지가 넓은 지역에서도 우수를 관거로 모아서 하류로 배출하는 것이 어려워 늪지를 조성하여 저류시키거나 땅속으로 스며들게 하여 하류의 피해를 최소화시키려는 노력을 하고 있다. 그러나 인구가 많은 우리나라를 비롯한 아시아 지역에서는 땅을 구하기 어려워 문제 해결이 더욱 어려운 형편이다. 말레이시아나 싱가포르에서는 이를 해결하기 위해 지하 터널을 설치하고 있고, 우리나라도 이와 유사한 계획을 하고 있는 것으로 알려지고 있다. 가능한 도시 내에서의 포장면적을 줄여 물이 땅속으로 흡수되게 함으로써 덜 유출되도록 하는 방법을 모색하고 있는 것이다.

표 1.1은 우리나라의 수자원 현황이다. 우리나라의 강수량 1274 mm는 세계 평균 807 mm보다 아주 크지만 인구당 강수량은 세계 평균 16627 m^3에 비하면 매우 적은 2660 m^3에 불과하다.

우리가 이용하는 물의 양은 총량 333억 톤의 25.6%에 불과하다고 한다. 연간 약 3333억 m^3이며 이를 인구당으로 환산하면 연간 600 m^3이다. 이 중 농업과 유지용수가 75%에 해당되고, 나머지 25% 가량이 생활용수이다. 인구당으로는 100 m^3 가량이다. 지하수는 연간 약 40.7억 m^3로 수자원 이용량의 12% 가량이다.

그림 1.1은 지구 현황을 나타내고 있다. 전체 면적의 70%가 바다이며 30%가 육지이다. 전체 물의 1%가 활용 가능하며, 지구 표면적의 13% 정도가 농경지이고 나머지는 초지나 산림이다. 한 사람당 경지 면적은 세계 평균 0.2~0.6 ha이나 우리나라는 불과 0.03 ha로 식량자급을 위해서는 약 4배의 면적이 필요하다. 우리나라의 가용수량은 그림 1.2에 의하면 1인당 연간 1700 m^3 이하로 물 스트레스를 받는 국가로 분류되어 있다. 2020년이 되면 1,199 m^3으로 감소되어 물 부족이 심화될 것이라는 예상이다.

• **표 1.1 우리나라의 수자원**(자료, 국토해양부, 2015, 물과 미래; 2015 세계의 날 자료집) •

연평균 강수량	1274 mm/yr	(1978–2011)
1인당 강수량	2660 m^3/c/year	
2020 물 부족 예상량	4.6억 m^3/yr	
연평균 수자원 총량	1297억 m^3/yr	2007
연간 수자원 이용량	333억 m^3/yr	총량의 25.6%
생활	75 (22.5%)	
공업	21 (6.3%)	
농업	159 (48%)	
유지	78 (23.4%)	
연간 지하수 이용량	40.7억 m^3/yr	수자원 이용량의 약 12%
최근 10년간의 재해액	8239억 원	2004–2013
최근 10년간의 인명 피해	28명	

대기 중의 질소 가스는 78%이며 산소는 21%에 불과하다. CO_2는 0.039%이다. 0.02~0.03%의 농도가 정상인데 지금 농도가 크게 증가하여 지구 온난화가 진행되고 있다. 이 때문에 세계 각국은 CO_2 줄이기에 많은 노력을 기울이고 있다. 지난 160년 동안에 CO_2 농도는 약 0.01%(100 ppm) 증가하였다. 세계 각국은 2015년 21차 유엔기후협약 당사국 총회(파리협약)에서 지구의 기온 상승을 1.5도로 하는 데 합의하였다. 처음에는 목표를 2도로 정하였으나 2도로 할 경우 물속으로 들어가는 나라가 있어 1.5도로 조정하였다. 기온이 2도

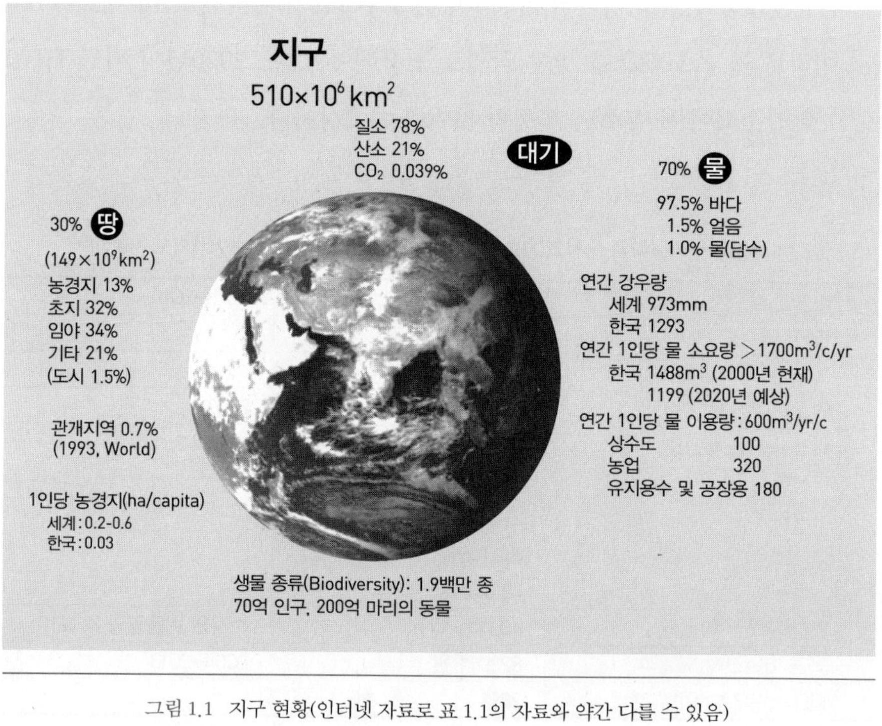

그림 1.1 지구 현황(인터넷 자료로 표 1.1의 자료와 약간 다를 수 있음)

증가하면 우리나라의 기후는 오키나와와 비슷해지며 소나무, 전나무가 멸종되고 벼 생산량도 감소된다고 한다.

그림 1.2는 세계의 가용 수량 및 물 부족 지역을 나타내고 있는데 우리나라는 1인당 1700 m^3 이하로 스트레스 지역으로 분류되고 있다. 캄보디아, 남아메리카, 북아메리카는 물이 충분한 반면 아프리카 북부 지역은 물 부족이 심각한 것을 보여 주고 있다.

현 인구 70억 명 중에서 약 36%인 25억 명이 물 부족을 경험하고 있는데 2050년에는 전체 인구의 50% 정도가 물 부족에 시달릴 것으로 보고 있다. 특히 물 부족에 의해 산업 생산도 영향을 받을 것은 말할 필요도 없을 것이다

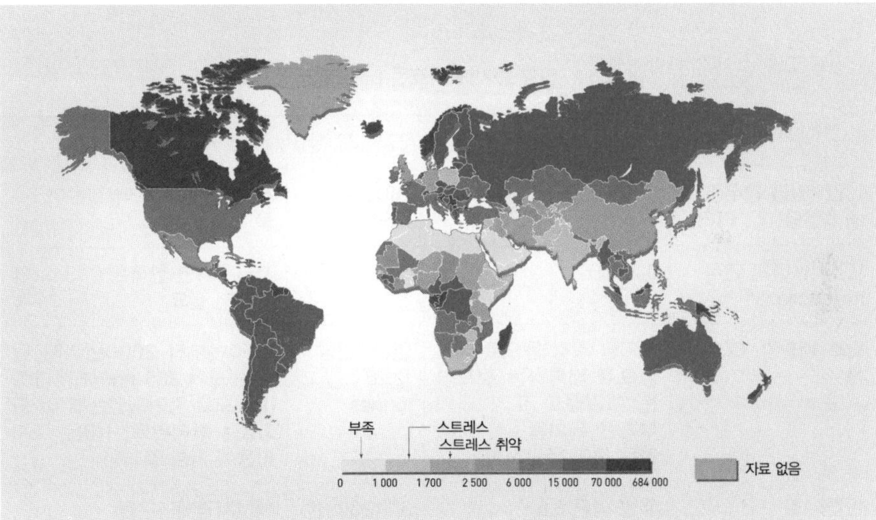

그림 1.2 세계의 가용 수량 및 물 부족 지역(자료: 2007년 기준, FAO)

(IFPRI 자료 //growingblue.com/water-in-2050).

15쪽의 표 1.1을 보면 2020년경 우리나라의 물 부족은 4.6억 m^3이라고 한다. 표 1.2는 우리나라의 강우량, 농지 면적, 탄소 배출량과 전기 사용량을 세계 평균과 비교한 자료인데 1인당 연간 탄소 배출량은 12.28톤이다. 1인당 전기 사용량은 유럽이나 미국보다 높지만 가정용만 비교하였을 때는 우리가 매우 낮다. 그 이유는 우리나라의 산업화, 즉 수출 비중 때문인 것으로 보인다. 2030년 우리나라의 1인당 탄소 배출량은 17.2톤으로 추정되는데 이를 37% 감축하면 10.7톤으로 현재보다 더 낮다. 이를 위해 대중교통의 이용, 종이컵 사용 억제, 분리배출, 냉방기기의 사용 억제 등이 생활화되어야 한다(환경부, 2015)

• 표 1.2 인구 증가에 따르는 paradigm의 변화 •

	세계	한국	비고
연간 1인당 강우량, m^3 (1인당 1일, 리터)	6000	2400 (350 L)	전 세계 인구의 약 절반이 물 부족 경험
1인당 농경지 면적, ha/capita	0.2~0.6	0.03	자급하려면 한국은 0.13 ha의 농경지 필요
탄소 배출량, CO_2 방출	폐기물 소각 등으로 대기 중으로 배출하는 것보다는 폐기물로 토양 내의 부족한 유기탄소를 보충하는 것이 바람직함	연간 1인당 12.28 tonnes	1850년부터 2000년까지 탄소 농도가 285 ppm에서 370 ppm으로 증가되었는데 이 중 2/3는 화석연료, 1/3은 토지 이용에 따른 결과임
1인당 1일 전기 소요량 Kwh (가정용)	유럽 평균 5.5, 미국 평균 33	3.3 (2009년)	에너지경제연구원

물을 공급하고, 사용한 물을 처리하는 상하수도 시설에도 에너지가 필요하다. 되도록 에너지를 적게 사용하는 설계가 필요한 것이다. 그림 1.3은 부산시의 상수도 급수에 따르는 에너지 소요량(최의소, 2008)을 나타내고 있다. 연간 1인당 71.9 kwh가 소요되는데 이 중 77.7% 가량이 취수와 급배수에 의한 소요량이며 처리 과정에 필요한 양은 22.3%에 불과하다. 이 사실은 급수 지역이 취수원과 가까워야 에너지 면에서 유리하다는 것을 말해 준다. 즉 소규모 시설이 유리하다.

반면에 하수처리장에서의 에너지 소요를 나타낸 것이 그림 1.4인데 규모가 커질수록 에너지 소요가 적고 소규모일수록 그 소요가 매우 큰 것을 알 수 있다(최의소, 2009). 하수관거는 자연 유하식으로 물이 흐르기 때문에 관거에 의한 에너지 소요는 거의 없다. 소규모에서 에너지 소요가 큰 것은 사용되는 기

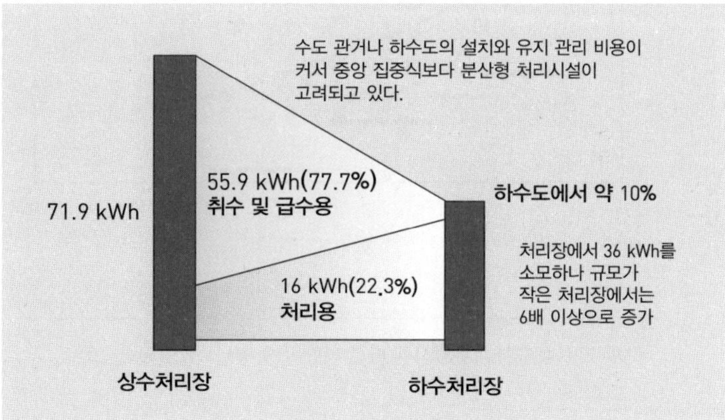

그림 1.3 상하수도에 있어서 에너지 소요량
(인구 360만의 부산시의 예, 연간 1인당 kWh)

계류가 적절하지 못한 것으로 생각되며 아울러 과다 설계에 의한 것이 아닌가 생각된다. 이러한 에너지 소요 현상은 유럽도 마찬가지이지만 우리나라가 그 소요량이 상대적으로 크다. 하수처리장에서는 물속의 유기물질로부터 생물가스를 생산하여 에너지를 생산하는 시설로 탈바꿈하고 있다. 물론 깨끗하게 처리된 물도 재이용하도록 설계하고 있는 것이 국제적인 추세이다. 현재 필자가 체류하고 있는 캄보디아 지역은 연중 날씨가 더워 기계적인 도움보다는 자연적인 처리방법으로 하수를 처리하는 추세이다.

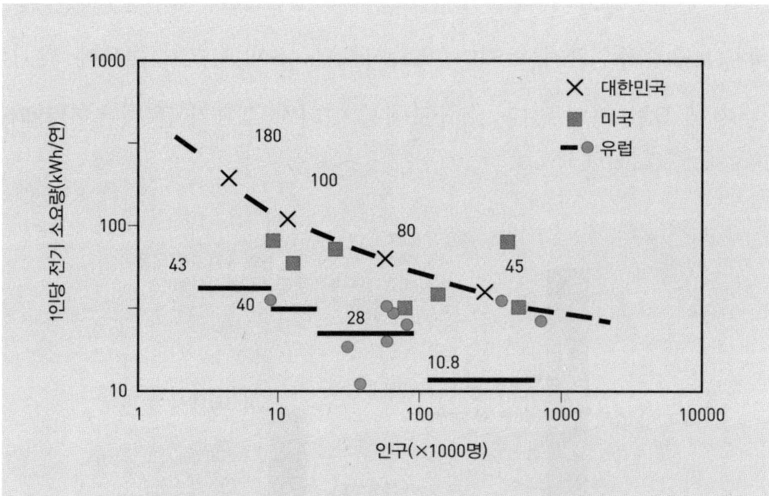

그림 1.4 하수처리장 규모에 따른 연간 소요 에너지(1인당 kWh)

물, 농업, 에너지

2050년이 되면 세계 인구가 90~100억 명이 된다고 한다. 1850년경에 불과 12억 명이던 인구가 폭발적으로 증가한 것이다. 인구 증가에 비례하여 먹거리도 증가할 것이다. 우리나라는 현재 농작물의 75% 가량을 수입에 의존하지만 앞으로 물이 부족해지면 나머지 25%의 농작물도 기를 수 없게 될지 모른다. 특히 기후 변화는 홍수와 가뭄을 동반하고 있다. 기후 변화는 이미 언급한 CO_2, 즉 에너지 사용과 연관되어 있는데 물을 정화시키며 압력을 높여 멀리 보내는 데 에너지가 소요되어 역시 물과 연관이 크다.

현 시대가 직면하고 있는 또 다른 문제는 자원 고갈이다. 농업에 필요한 인산 비료의 원료인 인광석은 100년 내에 20~35%가 부족해질 것으로 전망되고 있다(van Vuuren, 2010). 우리가 먹고 버리는 하수 내에는 비료의 3대 요소인

질소, 인산, 칼륨이 함유되어 있으며, 유기물질을 에너지원으로 사용 가능하다는 점을 생각하면 버리는 물에 대한 생각을 바꾸어야 할 것이다. 사실상 19세기만 하더라도 오줌은 농작물에 필요한 비료로 각국의 전매품이었다. 우리나라에서도 1980년대 중반까지도 수거식 분뇨 탱크에 모인 분뇨를 거름으로 사용하였다. 즉 오줌을 요강으로 수집하여 농지에 환원시켰는데, 오늘날 이렇게 오줌을 이용하자는 운동이 북구를 중심으로 이루어지고 있다. 이러한 시대적 요구에 의해 우리가 먹고 버리는 물, 변소 문제도 이 책에서 다룰 것이다. 앞으로 미래 시대의 주인인 젊은이들에게 현 시설이 최고의 시설이 아니라는 점을 각인시켜 주기 위해서이다.

도시에는 많은 사람들이 모여 살기 때문에 생필품뿐만 아니라 농산물도 많이 필요하다. 그런데 농촌으로부터 먼 거리를 운반하여 가져오다 보니 시간도 많이 걸리고 비용도 많이 소요된다. 따라서 가능한 도시 근처나 도시 내에서 필요한 식량을 확충해야 할 필요가 있다. 바로 자족 도시(sustainable city)의 개념이다. 이를 위해 도시 농업도 생각할 수 있다. 처리된 하수를 이용하면 별다른 비료 없이 작물을 생산할 수 있다는 개념이다. 현재 유기농법이라고 해서 도시나 도시 주변에서 설명한 바와 같이 폐기물을 이용하여 작물을 재배하기도 하는데 아파트의 발코니나 옥상에 주방폐기물을 활용해 토마토 등을 재배하는 것이 그것이다.

그림 1.5에서와 같이 우리에게는 삶을 영위하기 위한 물과 식량과 같은 먹거리뿐만 아니라 의약품이나 개인 용품(PPCP, EDCs)도 필요하다. 주방이나 변소에 사용된 물은 하수로 내보내지고 각종 쓰레기도 버려진다. 이렇게 버려지는 물

과 배설물을 이용하여 자급할 수 있는 방안이 있을까? 1992년 WHO 자료에 의하면 일인당 평균 배설물로 연간 질소 5 kg, 인 1/2 kg, 칼륨 1 kg을 배출하며 물은 사용하는 변소에 따라 다르지만 연간 1~10 m^3의 물이 배출된다고 한다. 그리고 이를 통해 250 kg의 곡류 생산이 가능하다고 한다. 이는 한 사람의 연간 필요 양이다. 애리조나에서는 배설물뿐만 아니라 청소수 등이 포함된, 즉 하수로 실제 농사에 적용하는 방법을 Biosphere 2라는 사업을 통해 수행하였다(Nelson and Cattin, 2014). 이 사업은 하수를 습지로 처리하여 궁극적으로는 농업에 이용하는 방법이다. 습지는 우리 논과 유사한 모양을 가지고 있어 하수를 정화조(淨化槽; 이름 자체는 깨끗해진다는 뜻인데 학술명은 부패조이다)를 거쳐 유기물질을 어느 정도 제거시킨 후에 논에 주입 처리하는 방법도 가능할 것으로 보인다.

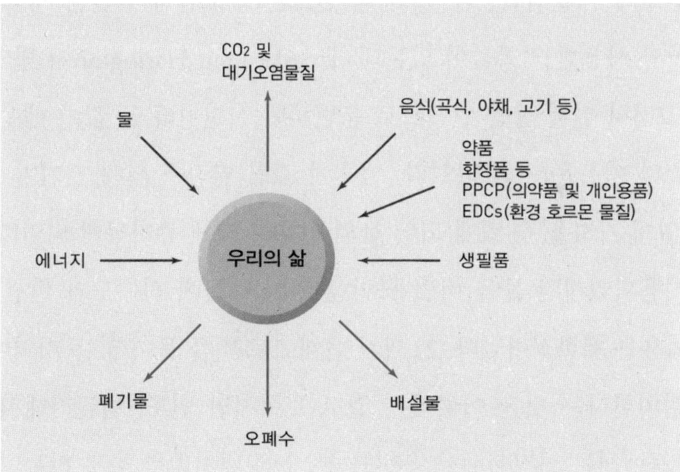

그림 1.5 음식물과 우리의 삶

그림 1.6은 위생 문제의 변천을 나타내 주고 있다. 1850년경부터 과학기술의 발전으로 인구가 크게 늘어났는데, 대부분의 사람들이 화학 비료가 생산되기 전, 즉 20세기 전까지는 주로 인분을 거름으로 사용하였으며 변소도 거의 없었다. 자연스럽게 사람과 동물의 분비물이 자연으로 순환되었던 것이다. 당시에는 오줌이 전매품이었다. 오줌에는 암모니아가 포함되어 있어 세척제로 이용된 적도 있다.

1484년 페스트가 유럽 지역을 강타하고 1850년경에는 콜레라 전염병이 퍼지면서 당시 런던의 물을 담당했던 John Snow는 물처리를 시작하였으며 Edwin Chadwick은 환경과 질병이 관련되어 있다는 사실을 경험하면서 불결한 지역의 청소에 관심을 가지기 시작하였다. 그리고 약 30년 후에 질병이 병원균에 의한 것임이 과학적으로 증명되었다. 콜레라가 돌던 때에 퇴비 변소와 수세식 변소가 개발되었는데, 수세식 변소는 수도원에서 높은 지역으로부터 물을 끌어와 사용한 기록들이 있는데, 1596년 John Harington이 발명하기 이전이다. 그러나 실제 물을 인력으로 운반하던 시절이라 물 값이 매우 비싸 수세식 변소의 이용은 거의 없었다. 이후에 스팀 발전에 의해 전기가 생산되면서 물을 쉽게 가져올 수 있게 되어 물의 이용이 크게 증가하게 되었다. 수세식 변소도 사용되었지만 물을 버릴 곳이 없었기 때문에 하수도가 발전되기까지 변소의 이용은 제한적이었다. 21세기 현재에도 먹을 물이 없는 지역에 수세식 변소를 설치한다는 것은 어리석은 일로 보이지만 인도, 방글라데시, 캄보디아, 네팔 등에서는 화장실에서 용변을 본 후에 뒤처리를 물로 하는 경우가 많다. 물통을 들고 가서 화장지 대신 이용한 후 물을 땅속으로 버리는 것이다. 반

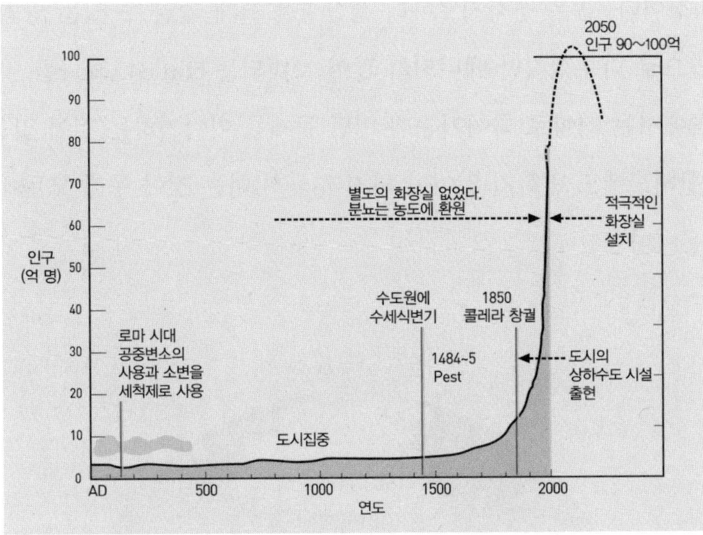

그림 1.6 위생 문제의 변천

면에 우리나라나 중국, 베트남 등은 뒤처리를 종이로 한다. 종이가 없던 시절에는 나뭇잎 등을 이용하였던 것으로 보인다.

그림 1.7에서와 같이 IWA(International Water Association)는 앞으로의 인구 증가와 기후 변화에 따른 결과를 좀 더 구체적인 숫자로 나타내 주고 있다(BIS 자료). 즉 2030년경에는 먹거리와 에너지가 현재보다 50%나 더 필요하고 물도 30% 가량 더 필요할 것이라는 전망이다. 인구가 증가하면서 식량도 더 요구되므로, 이러한 식량을 생산할 땅도 더 필요한데 땅은 제한적이다. 아울러 필요한 에너지 확보를 위해 보다 효율적인 에너지 생산 시설을 갖추고 탄소 배출량도 줄여야 하는 형편이다. 수자원도 제한적이기 때문에 사용된 물을 재사용하여

야 할 입장이다. 좁은 경작지로부터 생산량을 크게 늘일 수 있는 방법은 무엇일까? 앞으로 다루겠지만 에너지가 많이 소비되는 bottled water를 마셔야 할까? 한쪽에서는 기아로 죽어가는데 비만 문제를 이야기하는 것이 맞을까? 우리의 생활태도에도 변화가 있어야 하지 않을까 하는 것이 우리 모두에게 주어지는 질문이다.

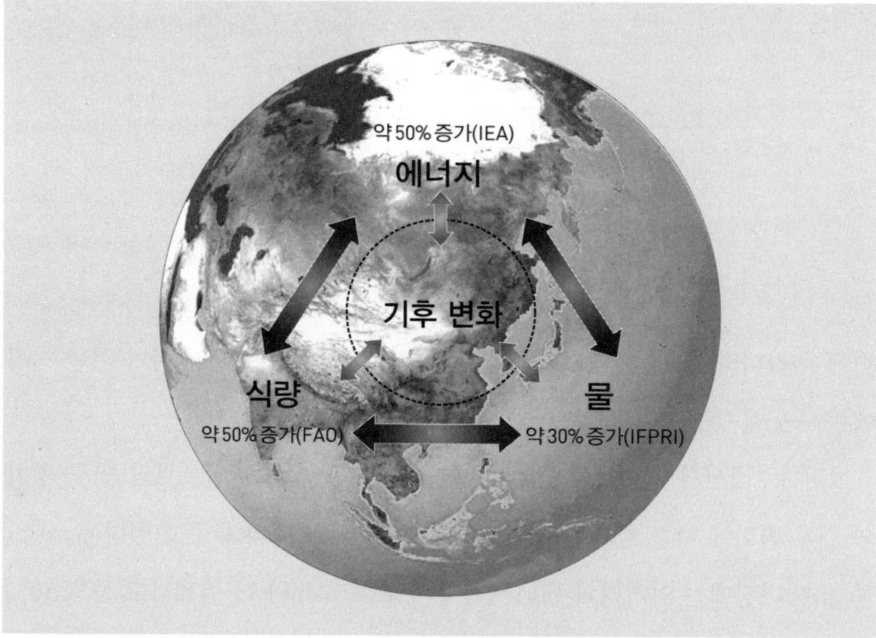

그림 1.7 인구 증가와 기후 변화에 따른 필요한 농산물 및 에너지와 수자원(자료: BIS)

MDG와 SDG

2000년을 맞으며 UN에서 인류의 공동번영을 위해서 8가지의 새천년 목표(millennium development goal, MDG)를 설정하였는데 MDG의 8개 분야를 보면 다음과 같다. 하루에 1달러 미만으로 생활하는 극빈자 문제(기아 문제), 기초적인 교육 문제, 여성 학대 문제, 어린이 사망 문제, 임산부의 건강, AIDS를 비롯한 풍토병 퇴치, 환경 개선 문제, 지구적인 협조이다. 이 모든 문제는 가난으로부터 출발하고, 현재 극빈 인구는 10억 명이나 된다고 한다. 돈이 없다 보니 아이들 교육도 시킬 수 없고, 근처에 먹을 물이 없어 멀리서 물을 길어다 먹는 경우도 있다. 또 그러한 물이 오염되어 질병의 원인이 되기도 한다. 특히 이러한 질병에 허약한 어린이들이 사망에 이르는 경우가 많다. 가장 잘 알려진 풍토병으로는 말라리아를 들 수 있는데 이는 모기가 원인이다. 모기는 고인 물에서 서식한다. 이러한 지역은 하수도가 없는 상태에서 사용한 물을 마구 버려 환경이 아주 취약하다. 이 지역의 주민들은 가난한 것이 원인이지만 사실상 질병에 대한 인식도 없고 환경을 어떻게 개선해야 하는지에 대한 지식도 없다. 지금도 질병의 온상이라고 불리는 변소가 없는 인구는 약 25억 명이나 된다. 먹을 물이 없는 인구는 약 10억 명인데 이 중 약 8억 명이 도시 주변에 살고 있다고 한다. 2000년 초에 집계된 이러한 인구의 65% 가량은 아시아 지역에 있으며, 다음이 아프리카, 그 다음이 라틴아메리카이다. 이러한 구제 대상 인구를 지구 공동체적인 노력으로 2015년까지 절반으로 줄이자는 것이 MDG이다.

2015년이 MDG를 목표로 하던 사업의 마지막 해였는데, 세계적으로 볼 때에 3년 전에 이미 목표치를 달성하였다고 한다. 하지만 수질 문제에 있어서는 앞으로 2050년까지 노력해야 된다는 주장도 있다.

2030년을 목표로 수질 개선 사업을 전개하고 있는데 그 내용은 다음과 같다. MDG의 후속사업인 SDG(sustainable development goal: 지속발전적인 목표)는 17개 분야에 169개의 목표를 가지고 있으며 물에 대한 것은 주로 6번에 그 내용이 포함되어 있다.

1. 빈곤 퇴치
2. 기아 해소와 식량 안보
3. 보건 증진과 건강한 삶
4. 교육 보장과 평생학습
5. 성평등과 여성 역량 강화

6. 물 공급과 위생 제공

7. 에너지 보급

8. 경제 성장과 일자리 창출

9. 인프라 구축과 산업화 확대

10. 국내 또는 국가 간 불평등 해소

11. 안전한 지속발전적인 도시 구축

12. 지속 가능한 소비 생산 증진

13. 기후 변화 대응*

14. 해양자원의 보존과 지속 가능 이용

15. 육상생태계의 보존과 지속 가능 이용

16. 평화로운 사회구축과 제도 구축

17. 글로벌 파트너십 강화

SDG 2030을 완성하려면 불과 14년이라는 기간이 남아 있다. 사실상 가능할 것인가? 지난 2015년 대구 경북 지역 World Water Forum에서 이 문제에 관해 토론하였는데 한국을 비롯한 동남아 국가들은 불과 12년이라는 기간으

---

* Acknowledging that the United Nations Framework Convention on Climate Change is the primary international, intergovernmental forum for negotiating the global response to climate change.

1 Contained in A 68/L.61 'Report of the Open Working Group of the General Assembly on Sustainable Development Goals'.

Zero draft of outcome document for the UN summit to adopt the post-2015 development agenda

그림 1.8 SDG의 17개 분야

로 가능하였다는 주장이 대두되었다. 문제는 정치적으로 이를 달성하고자 하는 강한 의지가 필요하며 아울러 시민들의 호응이 전제되어야 할 것이다. 실질적으로 GDP의 0.3%씩을 매년 투자하면 가능하리라는 생각이다. 사실상 이러한 목표 수립은 국가마다 또 지역마다 다르다. 경제 수준이 열악한 캄보디아를 예로 들면, 이곳에서는 농촌 지역의 MDG 목표를 물항아리에 빗물을 받는 것, 우물을 파서 건기에 물을 사용하도록 하는 것, 화장실을 사용하도록 하는 것이 구체적인 방법이다. 같은 내용의 목표를 2025년까지 UN에서 목표로 하는 SDG를 만족시키겠다는 정책이다. 이 정책은 빗물이나 우물물은 깨끗하다는 전제 조건아래 화장실 설치 후의 청소액이 어떤 영향을 주는지에 대한 수질 문제는 고려하지 않고 있다.

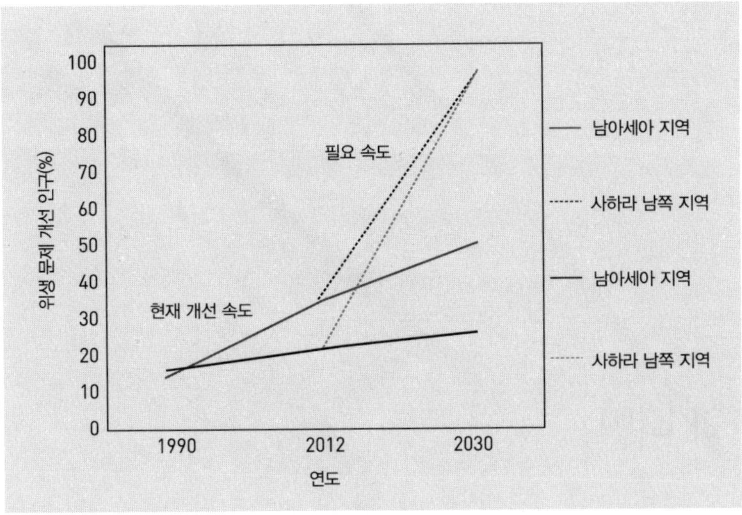

그림 1.9 2030 목표를 향한 위생 문제개선의 진행 속도와 필요 속도

남아세아 지역과 사하라 이남 지역의 문제를 해결하기 위해서는 현재의 개선 속도를 훨씬 빠르게 진행하여야 할 필요가 있는 것을 말해 주고 있다. 도시 지역을 대상으로 하고 있으며, 실선이 현 진행 속도이고 점선이 필요한 속도이다. 여기서 위생 문제 속도는 인분뇨를 적절히 수집하여 처분하는 것을 포함한다(World Water Forum, 2015).

기아와 비만

지구 한쪽에서는 기아로 죽어가는 사람들이 있는가 하면, 다른 한 쪽에서는 비만으로 고통을 받는 사람들이 있다. 2010년 보건복지부 자료에 의하면 우리나라의 성인 비만율은 30.8%에 달하며 비만으로 인해 각종 성인병이 유발될 가능성이 높다고 한다. 고혈압, 당뇨, 고지혈증이 대표적이다. 비만인 사람의 성인별 발병률은 비만이 아닌 사람에 비해 2배 이상 높다. 세계적으로 기아 인구는 10억 명에 이르는데 비만 인구 또한 10억 명에 가깝다. WHO는 향후 10년간 비만 인구가 50% 증가할 것으로 보고 있다. 비만이 단순히 사적 영역이 아닌 사회경제적 손실을 가져오는 공적 영역으로 확대되고 있는 것이다. 이에 따라 우리 정부도 2016년 4월에 표 1.3과 같은 국민 식생활지침을 발표하였다. 아침밥을 먹어라, 과식을 피하라, 덜 짜게 덜 달게 덜 기름지게 먹어라, 탄산음료 대신에 물을 충분히 마셔라 등이다. 비만은 BMI(body mass index)로 나타내는데 몸무게 kg/(키, m)^{2}로 표시한다. 이 값이 18.5~23이면 정상이며 그 이상이면 과체중에 해당한다. 허리둘레로서도 나타내는데 남자는 90 cm(35.4인치), 여자는 85 cm(33인치)가 기준이다. 비만의 가장 큰 원인은 설탕 섭취이다. 탄산음료에도 설탕이 많이 포함되어 있고 자장면에도 많다고 한다.

하루 2000 kcal를 섭취한다고 할 때, 이 중 200 kcal 이하가 설탕에 의한 양으로 음식류의 설탕 함량을 조절하겠다고 발표하였다. 이를 설탕으로 환산하면 50그램, 즉 무게가 3그램인 각설탕 16.7개 수준이다(식품의약품안전처 제1차 당류 저감 종합계획 2016-2020).

참고적으로 그림 1.10은 각종 농산물과 음료의 pH를 나타내고 있는데, 채소류는 pH가 높고 육류는 pH가 낮다. 일반적으로 도시 상수도의 pH는 중성인 반면에 역삼투(reverse osmosis: RO)에 의한 물은 산성이다. 물속에 광물질이 포

• 표 1.3 2015 한국인 영양소 섭취 기준 대상 영양소 총 36종 •

구분	영양소(36종)
에너지 및 다량 영양소(8종)	에너지, 탄수화물, 총당류, 지질, 단백질, 아미노산, 식이섬유, 수분
비타민(13종)	비타민 A, 비타민 D, 비타민 E, 비타민 K, 비타민 C, 티아민, 리보플라빈, 니아신, 비타민 B6, 엽산, 비타민 B12, 판토텐산, 비오틴
무기질(15종)	칼슘, 인, 나트륨, 염소, 칼륨, 마그네슘, 철, 아연, 구리, 불소, 망간, 요오드, 셀레늄, 몰리브데넘, 크롬

함된 경우에는 pH가 높으나 제거시킨 물은 pH가 낮다. 빗물은 약산성을 띠나 시간이 경과할수록 pH가 증가하여 중성에 가깝게 된다. 과일은 먹을 때에 신맛으로 산성이지만, 몸속에서는 알칼리성으로 변한다. 알칼리성 음식이 건강에 좋다는 주장이 있는데 뼈에는 이롭다고 한다(Shwalfenberg, 2012)

표 1.3에서 보면 무기질 15종이 있는데 대부분 물속에도 있는 무기질이다. 즉 음식에서는 필요한 무기질이 되고 물에서는 있어서는 안 된다는 것은 잘못된 생각이다. 한국인의 경우 특히 무기질 영양소로 칼슘이 부족하므로 물속에 있는 칼슘을 제거시킬 필요는 없다. 마그네슘도 마찬가지이다. 어느 광물질이던 어느 농도 이상이면 문제가 되어 허용 한도를 정하고 있다. 따라서 허용 한도 이내이면 걱정할 필요가 없다. 마찬가지로 소금(NaCl)도 물속에 있는데 허용 농도 이하인 경우에 이것을 제거시킬 필요가 있을까?

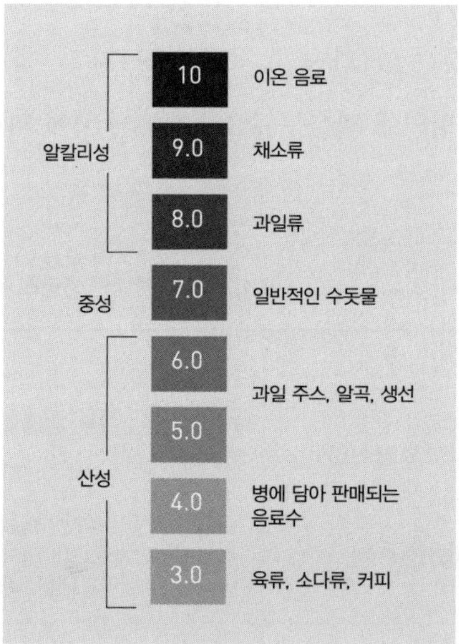

그림 1.10 각종 농산물과 음료의 pH

2.
모르고 먹는 물

우리나라는 1950년부터 3년간 6.25 전쟁을 겪었다. 가난에 찌든 나라가 전쟁까지 겪었으니 그나마 있던 시설도 다 부서져서 거의 1970년대까지 먹는 물로 고생을 하였다. 물은 주로 인근의 하천이나 우물을 이용하였다. 도시에서는 가까운 우물에서 양동이에 길어오거나 물 배급차량을 기다려야만 하였다. 물이 무거워 지게를 이용하였는데 인터넷을 통해 그 시절 사진을 볼 수 있다. 불과 30~40년 전의 일이다.

당시에는 물뿐 아니라 먹는 것도 어려웠다. 굶주림에 허덕이던 그 시절을 흔히 보릿고개라고 하였는데 이는 가을에 추수한 양식이 떨어져 보리가 추수되는 때까지 기다려야 하는 어려운 시기를 일컫는 말이었다. 1960년대에는 우리나라 국민소득이 100달러도 안 되었다. 수세식 변소가 우리나라에 보급된 것은 1970년대 전후로 보여진다. 그 이전에는 커다란 통을 땅속에 묻고 그 위에

11자형의 널빤지를 놓은 재래식 변소가 주를 이루었다. 1년에 한두 번 청소를 하여 수거된 것을 밭에 거름으로 사용하였다. 위생적인 부분이 제대로 해결되지 않아 대부분의 사람들이 회충약을 먹어야 하였으며, 말라리아 때문에 키니네라는 예방약을 학교에서 나누어 주기도 하였다.

1960년대에는 경제개발 5개년 계획이 시행되기 시작하였다. 이로 인해 경부고속도로를 비롯해서 포항에 제철공장, 울산 정유공장 등이 세워졌고 중소 규모의 공장 등도 많이 설립되기 시작하였다. 그런데 주로 노동력을 쉽게 얻을 수 있는 도시에 이러한 공장들이 세워졌기 때문에 인구가 도시로 집중되기 시작하였다. 당시 서울의 인구는 250만 명 정도로, 먹을 물과 변소 문제가 지금 아시아와 아프리카의 빈민 지역에서 보는 문제와 별다르지 않았다. 그림 2.1은 당시에 변소를 청소하여 한강 연변에 파 놓은 웅덩이에 찌꺼기를 버리는 모습이다.

그림 2.1 1970년대 우리의 위생 문제 해결 방법

한강 하류에 설치되었던 분뇨 저장조로, 어느 정도 라군(lagoon)의 역할을 한 것으로 보인다. 상부에 떠 있는 스캄(scum)을 농업에 이용할 목적으로 연구한 적이 있는데, 연간 ha당 건조중량으로 1톤 주입이 가능한 것으로 나타났다.(자료: Potentiality of agricultural use, 1982, NEPI, 4,241-246, No.82-32-0811)

물 문제: 수량, 수압, 수질의 문제

물 문제는 3가지로 압축하여 설명하면 이해하기 쉽다(그림 2.2 참조). 먼저 양적인 문제이다. 물을 공급하기 위해서는 충분한 양이 있어야 한다. 물이 없는 경우에는 사람이 살 수 없기 때문이다. 그런데 물이 멀리 있는 경우가 많아 대부분 물을 펌프로 끌어와야 한다. 두 번째로 압력이 필요하다. 만약 물이 우리가 필요한 지역보다 높은 곳에 있으면 펌프 없이도 물을 가져올 수 있다. 또한 물을 편리하게 사용하기 위해서는 파이프로 연결하고 어느 정도의 수압으로 물이 흘러나오게 하여야 한다. 끝으로 수질 문제이다. 먹는 물을 처리하는 방법에도 여러 가지가 있다. 원수의 수질이나 처리 시설의 규모, 급수 방법 등에 따라 소요 비용이 다르다. 물을 공급하기 위해 최소한 한 사람당 10달러 이상이 소요되며 또 먹고 버리는 물을 처리하는데도 11달러 이상이 소요된다고 한다. 아마 최소한의 비용을 말하는 것으로 보인다. 우리나라에서는 약 400~600달러 정도가 소요되지 않을까 생각된다.

그림 2.3은 서울의 취수 지점과 정수장의 위치를 나타내고 있다. 1960년대에 서울 시민은 제1 한강교 근처의 물을 처리하여 먹었다. 도시 규모가 커지면서 보광동에 정수장을 세웠는데, 수질이 점차 나빠짐에 따라 결국 1974년에 서울시를 포함한 수도권의 물 문제를 해결하기 위해 팔당댐을 세우고 이 물을 공급하였다. 그 후 88 서울올림픽을 맞아 하수처리를 시작하였으며, 한강 하류에서 처리하던 분뇨처리용 저장조도 없앴다. 팔당댐의 수질을 보호하기 위한 하수처리에도 노력하고 있다.

그림 2.2에서 보면 먹는 물은 어떻게 해결하여 먹는다고 하더라도 버리는 물에 대한 관심은 거의 없다. 버려지면 그만이고 자기와 직접 연관이 없다고 생

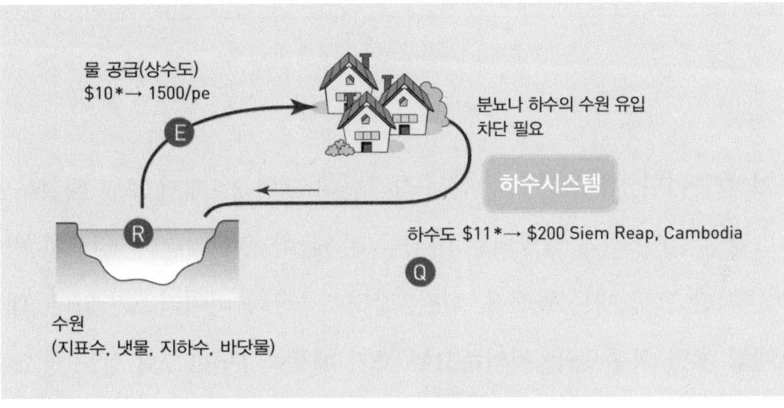

그림 2.2 일반적인 물 문제. 수량(Quantity), 수압(Pressure, Energy), 수질(Quality)
특히 화장실로부터 배출되는 오염물질을 잘 관리하지 않으면 수원을 오염시킨다. 대략적인 시설비가 나타나 있는데, 상수도는 인구 1인당 10~1500달러, 하수처리인 경우에는 11~200달러로 하수관거를 제외한 비용이다.(*자료: Huton & Haller, 2004, WHO)

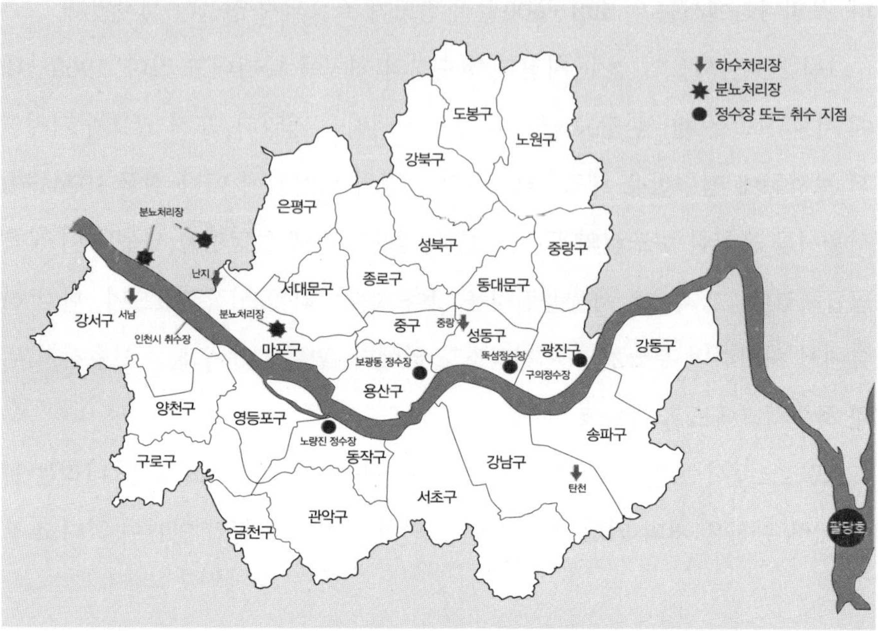

그림 2.3 서울의 취수 지점과 정수장

각하기 때문이다. 특히 변소 문제는 심각한데 그림 2.4에서 보면 배설물 내에는 1그램당 10^8마리에 해당되는 미생물(세균)들이 우글거린다. 전체가 병원균은 아니지만 그 중에는 콜레라, 이질, 장티푸스균과 바이러스가 있다. 대체로 약 4개월 후면 회충 등을 제외하고는 죽기 때문에 1년에 2회 정도 청소한 후 적절히 가공하여 농업에 사용하면 안전할 수 있다. 이것이 바로 유기농법으로, UN에서도 이를 추구하고 있다. 북유럽에서 제안하는 EcoSan(Ecological sanitation) 방법도 이와 유사하다. 물의 오염을 근본적으로 차단하고 비료로 사용함으로써 수세식 변소에 따른 경제적 손실도 막아보자는 취지이다. WHO(2012)에 의하면 1달러 투자에 대해 3~4달러의 이익으로 되돌아온다는 연구 결과도 있다. 사람의 배설물을 동물의 배설물과 함께 비료로 사용하는 것이 새로운 것은 아니다. 앞에서 이야기하였듯이 우리나라도 1980년대 이전까지만 하더라도 분뇨를 수거하여 웅덩이에서 안정화(분뇨를 썩히는 과정에서 병원균도 죽이고 유기물질을 분해시켜 농작물에 피해를 주지 않게 하는 방법)시킨 후에 거름으로 사용하였다. 또한 오줌은 당시 변소가 집 뒤의 후미진 곳에 있었기 때문에 밤에 요강을 이용하였다. 요강에 있는 소변을 아침에 커다란 소변 통으로 옮기고 이 통에 저장시킨 후에 역시 거름으로 이용하였다. 이것이 북구에서 주장하는 urine separation(소변 분리)의 개념이다. 단지 수세식 변소에 칸을 나누어 오줌과 대변을 분리하도록 한 것만 다르다. 오줌은 쉽게 자연 유하식으로 이송이 가능하기 때문에 오줌을 모아 비료로 사용하자는 주장이다.

그림 1.6의 인류의 역사를 보면 수세식이 보급되기 이전 20세기 초까지 이러한 유기농법이 이용되었다. 분뇨에는 미생물이 우글거리는 반면에 오줌은 매우 깨끗하다. 즉 미생물이 거의 없다. 또한 유기물질도 거의 없기 때문에 안정화시킬 필요도 거의 없이 사용하기 전에 물로 희석하면 된다(물로 희석시키면 오줌의 pH가 낮아져서 미생물이 번식한다. 따라서 사용 직전에 희석시켜야 한다. 희석시키는 이유는 오줌의 높은 염분 농도 때문이다).

분뇨를 농경지로 환원시키면 오염물질도 제거시키고 수확도 높이는 일석이조의 효과를 얻을 수 있는데 지역에 따라 이를 적용시키지 못하는 경우도 있다. 변소 문제는 종교와도 관련이 있는 것으로 보인다. 전부 그런 것은 아

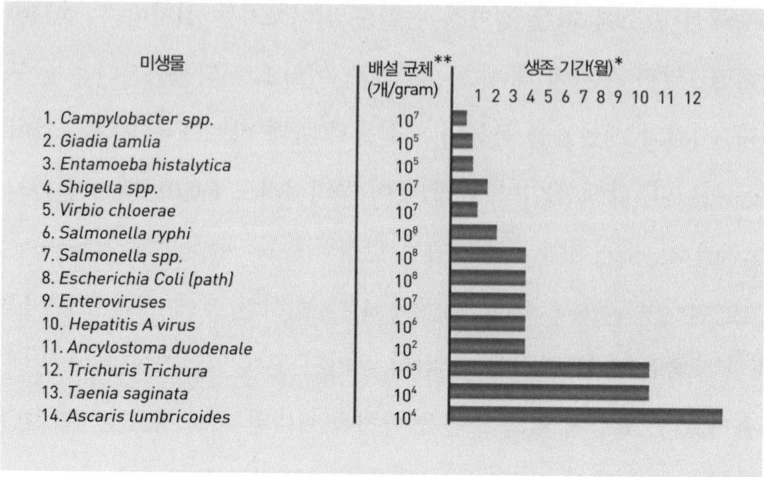

그림 2.4 배설물과 관련된 각종 세균의 생존 기간(Shuval, 1990)

* Estimated average life of infective stage at 20~30℃

** Typical average number of organism/gm feces

니지만 주로 이슬람권에서는 분뇨를 더러운 것으로 생각하기 때문에 분뇨를 재사용하는 것이 어렵다. 불교와 힌두교권에서는 큰 문제가 없는 것으로 보인다. 이러한 이유로 '종교와 환경(religion and environment)'이라는 세계적 규모의 컨퍼런스가 열리기도 한다. 환경 문제와 종교가 연관되어 있기 때문인데 힌두교에서는 죽은 사람을 물가에서 화장하고 뗏목에 태워서 물로 보내고 있다. 종교에서 환경 문제를 이해하고 가능한 해결 방법을 모색하기 위한 것으로 보인다.

위의 설명을 통해 세계 속에 우리나라의 위치를 다시 생각해 볼 수 있다. 불과 50년 전에 아주 가난하였던 나라가 당시에 꿈도 못 꾸던 20000달러 이상의 국민소득을 가진 나라가 되었으니 말이다. 재래식 변소에서 수세화를 시켰고 먹을 물이 없던 나라가 한 사람당 하루에 350리터의 물을 쓰는 나라가 되었다(물을 많이 쓰는 것이 자랑스러운 것은 아니다). 또 물로 인한 질병을 잊은지도 오래이다. 그동안 우리는 여러 가지 경험들을 하였다. 먹는 물 문제를 해결하였고, MDG(millennium development goal: 새천년 개발목표)에서 가장 큰 문제로 생각하고 있는 분뇨를 농경지에 사용하는 경험부터 분뇨처리장의 경험까지 하였다. 이러한 우리의 경험은 물 문제로 어려움을 겪고 있는 빈곤국가를 위한 적정기술을 개발하고 적용하는 데에 필요한 귀중한 경험이 되고 있다.

물과 적정기술

적정기술(appropriate technology)과 융합기술(Fusion technology, convergence technology)이 요즘 기술계의 유행어이다. 선한 상품이라는 말도 있다. 이 상품은 상품가격에 가난한 사람이나 환경이 불량한 곳을 위한 특정 사업에 필요한 기부금이 포함된 것을 의미한다. 적정기술은 보다 넓은 의미로 인간 사회의 환경, 윤리, 도덕, 문화, 사회, 경제적인 측면들을 모두 고려하여 인간의 삶의 질을 향상시킬 수 있는 기술을 총칭하고 있어 그 범위가 매우 넓다. 수돗물을 공급하고 사용한 물을 처리하고 배제하여 삶의 질을 향상시키는 상하수도 기술은 두말할 것 없이 적정기술이다. 미국 공학원은 20세기에 인간의 삶에 큰 역할을 미친 기술 10가지를 정하였는데 그중의 하나가 상하수도 기술이다.

적정기술의 의미를 본격적으로 체계화시킨 영국의 경제학자 슈마허(E. F.

Schumacher)는 서구적 관점에서 볼 때 빈곤이나 다름없는 상황에서도 행복하고 만족스러운 삶을 추구하는 지역에서는 구태여 서구 사회가 필요로 하는 편리한 기술보다는 오히려 기본적인 삶에 필요한 중간기술(intermediate technology)이 필요하며 이를 적정기술이라고 주장하였다. 슈마허는 그의 저서에서 제이 차 세계 대전 이후에 선진국들의 후진국에 대한 원조사업이 후진국 국민들의 삶의 질을 오히려 황폐하게 만들었다고 지적하고 있다. 이러한 기술들은 자연을 이용하는 기술로 자연친화적인 기술로 발전하였고 기계적인 현대 기술에 반한 대안 기술(alternative technology)로 불리기도 하였다. 특히 무한한 원자재를 많은 에너지로 가공하여 사용하는 현재의 기술은 미래의 자원고갈을 짧은 기간 내에 초래한다는 우려를 불식시키기 위해 자원 재순환이라는 목표로 기술을 발전시키고 있다. 이러한 목표에서 지금까지 적용되던 기술의 울타리를 넘어 폭넓게 다른 분야와 접목하여 새로운 기술을 개발 적용하자는 것이 융합기술이라고 생각한다. 우리가 먹는 음식 중에 퓨전 음식(fusion food)이라는 것이 있는데, 이는 여러 나라의 음식을 조합시킨 것이다. 새로운 먹거리에는 틀림 없으나 한 음식에 길들여진 사람들이 좋아하지 않는 것이 보편적인 현상으로 보인다.

물은 '먹고 마시고 버린다'는 말처럼, 그 과정이 단순해 보이지만 이를 관리하는 과정은 그리 단순하지 않다. 사람들이 원하는 정도가 각기 다르고, 특히 이 과정에서 필요한 에너지와 유지 관리에 필요한 비용과 기술을 어떻게 지역적으로 감당시키는지가 다르기 때문이다. 또한 원하는 물의 양과 수질도 서로 다르다. 짧게 말해서 물 관련 기술은 다른 분야와 달리 현지에 맞는 'Tailor made'라고 할 수 있다. 기계를 만든다든지 어떤 상품을 대량으로 만들어 파는 방법과는 많이 다르다. 또한 물 문제를 이야기할 때에 잊지 말아야 할 중요한 점은 사업대상지역이다. 인구가 많은 도시 지역인지 인구가 적은 농촌 지역인지가 중요하다. 농촌 지역은 이용할 토지가 많은 반면에 도시 지역은 인구는 많고 사용할 토지는 적다. 따라서 대안기술이나 중간기술이 적용될 수 있는 곳은 농촌이 많고 도시는 적다고 볼 수 있다. 아울러 원조사업을 하는 경우에 어떻게 시설을 유지관리할 것인가를 면밀히 검토하여 적용할 기술을 선택하여야 할 것이다.

이미 언급하였지만 참고로 캄보디아 정부의 농촌 지역의 목표는 강우기에는 물항아리(일반적인 크기는 500리터)를 이용한 빗물 이용(갈수기에는 우물물), 그리고 위생 문제로는 화장실 건설이다. 캄보디아에는 우물이 50만 개 있다고 하는데 담당부서인 농촌개발부의 관련 예산은 백만 달러에 불과하다. 이러한 틀 속에서 현지에 맞는 기술을 적용해야 지속 가능할 것으로 보인다. 수질 문제는 현 시점에서 관심 밖에 있는데 일단 양적인 문제가 해결되면 질적인 문제가 대두될 것으로 보인다.

수돗물의 신뢰성

앞에서도 이야기하였듯이 1880년경에 질병이 병원균에 의해 유발된다는 것이 과학적으로 증명되었다. 이때 파스퇴르는 사람들이 습관적으로 오염된 물을 그대로 마시는 것을 보고 질병을 마시고 있다고 경각심을 깨우쳤다고 한다. 지금도 우리는 어떤 물을 마시는지 모르고 마시는 경우가 많다. 수도 사정이 좋지 않았던 1970년대에는 물이 있으면 좋아서 그대로 마시곤 하였는데 점차 수도 사정이 좋아지면서 수도꼭지만 돌리면 24시간 언제나 물이 나오자 이제는 맛을 탓하며 급기야는 수돗물을 멀리하고 그림 2.5와 같이 시판되는 bottled water나 광천수(mineral water : 먹는 샘물)나 가정용 정수기의 물을 사용하고 있다. 이러한 수돗물 기피 현상을 타개하기 위한 것이 병입 수돗물이다. 수돗물을 병에 넣어 공급하는 방법이다. 수돗물 자체는 괜찮은데 수도관이 낡아 수질이 저하된다는 가정에 의한 것이다. 이러한 병입 수돗물을 별다른 거부감 없이 시민들이 받아들이자 이제는 수돗물을 직접 먹도록 하는 아파트가 생겨나고 있다(수도협회 6.9.10). 당국에서 그동안 노후관을 교체하여 이제는 수질 악화의 염려가 없으니 그대로 먹자는 취지이다. 좋은 생각이라고 보여진다. 물을 병에 담아 공급하게 되면 병을 만들고 병에 물을 넣고 운반하는 데 비용이 드는데다가 운반할 때 에너지가 소요되기 때문에 서울시는 아리수라는 명칭으로 수돗물을 병에 넣어 정부행사 시에 이용하고 있는데 350 mL 병 값이 한 개당 100원이라고 한다. 운반과 병 제조, 수거, 재생에 들어가는 인건비와 에너지 비용이 아마 물 값의 대부분으로 보여진다.

미국을 기준으로 볼 때에 bottled water에 사용하는 플라스틱 병을 만드는 데

그림 2.5 시판되는 먹는 샘물

서울시에서는 수돗물을 소독 후에 활성탄으로 걸러낸 후에 병에 넣어 이용하고 있는데 일본 도쿄에서도 이 방법을 사용하고 있다. 활성탄은 염소 냄새를 제거시키기 위해 소량 사용한다고 한다.

연간 1700만 바렐의 원유가 소요되며 이는 130만 대의 자동차에 들어가는 기름의 양이고, 19만 가정에 필요한 에너지라고 한다. 한 사람당 2리터씩 수돗물을 마시면 연간 0.49달러가 소모되는데 bottled water로는 1400달러 가량이 소요된다고 한다. Bottled water의 수질이 좋아서 선호한다고 하는데 꼭 그렇지는 않다는 주장이다(https://www.banthebottle.net).

우리는 어떠한 물을 마셔야 할까? 병에 넣은 것만을 마셔야 할까? 프랑스 소설가인 오르세나(2009)는 "물의 미래"라는 책에서 생수(bottled water)가 건강을 지켜 준다는 것은 생수업자들의 농간이라고 주장한다. 수돗물은 독특한 향이나 맛을 제외한 신체 기능 면에서 본다면 건강을 해치지 않는다고 선언하고 있다. 이러한 주장은 오랫동안 수돗물을 먹으면 안 된다는 주장과는 너무 상반된다. 그는 더 나아가 생수 중독자들에게 연민을 느끼라고 주장한다. 이 책에서 목적하는 바는 생수를 비판하자는 것이 아니라 우리가 어떠한 물을 먹어야 하는지 바로 알고 먹도록 하기 위한 것이다.

물 문제를 다루기 위해서는 좀 더 면밀하게 사용 목적을 분류할 필요가 있다. 마시는 물, 음식물을 조리하는 물, 세탁, 설거지, 세면, 목욕, 청소를 위한 물, 화장실용으로 구분하여 본 것이 표 2.1이다. 마시는 물에는 병원균이나 어떠한 해로운 물질이 포함되어서는 안 되지만 광물질은 풍부하게 포함되어야 한다. 밥이나 국을 끓이는 데 사용되는 물은 병균이 있더라도 물을 끓이면 죽기 때문에 유해물질만 문제가 된다. 세탁, 목욕 등에 사용되는 물은 마시지는 않지만 손과의 접촉으로 입으로 들어가기 때문에 병원균에 대해서는 안전해야 할 것이다. 화장실은 비교적 수질이 불량하더라도 문제가 없을 수 있으나 이것 역시 불결하면 신체와 접촉 가능하기 때문에 상당히 좋은 수질이어야 할 것이다. 하지만 청소용수나 화장실 용수에는 구태여 광물질이 포함될 필요가 없다. 물 사용량을 보면 실제로 입과 직접 연결된 물은 10리터 내외이며, 주방의 조리를 포함하여 필요한 물은 약 10~20리터로 물이 부족한 지역에서는 이 양을 가지고 생활하기도 한다. 세탁이나 화장실 청소용에는 물이 많이 쓰인다. 일반 가정에서 하루에 한 사람당 물 소요량은 200리터 내외이며, 상가나 업무용으로 사용되는 물을 모두 합하면 서울의 경우에 약 350리터로 나와 있다. 이 수치는 높은 편으로, 일상생활에서 물을 많이 쓰고 있음을 알 수 있다. 미국은 약 680리터를 사용하는데 이 중 절반 가량이 잔디를 기르는 데 사용된다. 따라서 생활용수로 사용되는 양은 우리나라와 유사하다고 볼 수 있다.

물 값을 보면 우리나라가 평균 1톤에 850원 정도인데 슈퍼에서 물 2리터가

• **표 2.1 물의 용도에 따른 수질과 사용량**(한 사람이 하루에 필요로 하는 양, L/capita/d) •

용도	없어야 할 것	있으면 좋은 것	물 사용량 L/capita/d
마시는 물	맛, 냄새, 병원균, 유해물질	광물질, 좋은 맛	2
밥이나 국에 사용 (조리용)	유해물질	광물질	5~8
설거지, 세탁, 세면, 청소	병원균, 색깔	연수(비누거품이 잘 나는 물)	130~280*
화장실	병원균		60

* 상가 및 업무용 등이 포함된 양(자료: 최의소, 1995)

500원이면 수돗물 값은 먹는 샘물 값의 약 1/300로 매우 저렴하다. 따라서 물에 병원균이 없으리라고 생각되는 지역에서는 수돗물을 먹는 것이 좋을 것이다. 혹 걱정이 된다면 마시는 물은 별도로 구입하여 먹고 나머지 물은 수돗물을 사용한다면 경제적으로 물 문제를 해결할 수 있을 것이다. 반면에 수돗물의 안전성이 문제가 되는 곳에서는 마시는 물뿐만 아니라 설거지하는 물, 목욕물 등에도 신경을 써야 할 것이다. 이러한 지역에서 생산되는 먹는 샘물은 안전할까 하는 걱정도 하게 된다. 경제 논리로 보면 음료용이나 조리용, 세면용을 제외하고 청소나 화장실용 물은 재생된 물을 사용하는 것이 좋으나, 문제는 목적에 맞게 파이프를 2개 설치하여야 하는 데 있다. 이를 dual water supply라고 부르며 물 부족으로 항상 어려움을 겪는 호주에서는 주택단지 개발 시에 dual system을 의무화하고 있다. 우리나라는 수돗물 값이 매우 싸서 물을 재생하는 데 소극적이다. 하지만 물 값이 비싼 호텔에서는 목욕이나 청소수를 재생하여 화장실용으로 사용하는 곳도 있다. 화장실 청소수는 재생하면 물에 노란 색깔이 남는데 이를 제거하려면 특별한 공법이 필요하기 때문에 화장실 청소수는 재생을 하지 않는 것으로 알려지고 있다.

우리 물의 본질은 변하고 있는가

이제 수질 부분을 살펴보자. 한 마디로 우리 물은 매우 좋다. 옛날에는 물만 공급하면 그 물을 마구 퍼 먹었는데 지금은 수돗물에 대한 수질의 신뢰성 때문에 수돗물을 그대로 마시지 않는 경향이 많다. 그 이유는 냄새 때문이라고 하는데 이러한 미각적인 것을 제외하고 어느 정도 수돗물이 나빠졌는지를 살펴보는 것은 뜻깊은 일이라고 생각된다. 단지 물의 질에 대해 별로 관심이 없던 과거에는 물에 대한 분석자료도 충분하지 않았기 때문에 직접적인 비교를 할 수는 없다. 수질분석이 쉬워진 것은 1990년대 들어서이다. 그 이전에는 분석이 매우 어려워 사실상 미량분석을 거의 하지 못하였다. 지금도 마시는 물의 분석을 위해서는 특별한 장비와 시설이 필요하다. 서울의 대표적인 분석 기관은 서울시 보건환경연구원(http://sihe.seoul.go.kr)이다. 분석요금은 항목에 따라 다르기 때문에 필요한 항목만 의뢰하는 것이 경제적이다. 일반적인 항목 전체를 분석하는 데 272,000원이 든다고 하며 기일은 11일이 소요된다고 한다. 수질분석을 위해서는 깨끗한 용기에 물을 꽉 채워서 가져가야 한다. 물을 꽉 채우지 않으면 운반 과정에서 수질의 변화를 가져오기 때문이다. 중금속을 제외하고는 채수 후 빠른 기간 내에 분석을 하는 것이 좋다.

우리의 젖줄인 한강과 낙동강의 발원지는 강원도 태백시이다. 한강의 발원지는 창죽동 산 1-1에 위치한 검룡소이다. 조그만 연못에 불과한 크기이나 이곳은 총 길이가 514 km, 1500만 명에 이르는 한강 주변 사람들의 생명줄을 이어 주는 소중한 샘의 근원이다. 황지연은 태백시 황지동에 위치한 낙동강의 발원지로, 태백에서 부산까지 525 km, 1300만 명의 소중한 샘 근원이다.

표 2.2는 한강수의 수질인데 남한강에 미네랄이 많은 것으로 보인다. 영월, 단양, 충주의 미네랄 농도가 소양, 춘천, 청평, 후보의 북한강보다 높기 때문이다. 표를 면밀히 관찰해 보면 북한강 상류인 소양호로부터 칼슘 등을 비롯하여 모든 양이온과 음이온이 하류로 이동하면서 서서히 증가하고 있으며 남한강 상류인 충주 지역에서의 수질은 북한강보다 약간 높은 성질을 나타내고 있다. 하류로 이동하면서 양이온과 음이온의 농도가 증가하는 것은 오염 문제라기보다는 지질적인 원인으로 보인다. 현재 서울의 수돗물을 보면 Ca 25 mg/L, Mg 5 mg/L, Na 15 mg/L, K 5 mg/L로 지난 40년 동안에 Ca와 Mg는 1.6배, Na와 K는 2.6배 가량 증대된 것으로 나타나고 있다. 이렇게 양이온과 음이온 농도가 증가한 것이 인구 증가 때문인지 토양의 풍화작용에 의한 것인지는 정확히 알 수 없다. 그러나 1968년 자료에서 NO_3N 농도가 상류인 소양호에서

0.62 mg/L로 팔당까지 유지되다가 서울에서는 두 배 가량인 1.24 mg/L이 된 것을 볼 때 인구나 비료 사용에 의한 것으로 보인다. 현재 팔당호에서의 질소 농도를 보면 1~2 mg/L(이장호, 2010)로 지난 40년간 약 3배로 Na와 K의 변화와 거의 같다.

유기물질의 경우를 보면 1960년대에 측정된 자료가 없으나 1960년 초기에는 제1한강교 상류(용산과 노량진 사이의 다리)에서 수영하는 것을 볼 수 있었다. 보광동에는 정수장이 있어 당시 수질이 그런대로 좋지 않았나 하는 생각이 들 수도 있는데, 표 2.3에서와 같이 1963년과 1965년도의 뚝섬과 보광동의 수질은 BOD가 20~30 mg/L로 높은 편이었다. 지금은 광나루 지역에서나 수영이 가능하며 또한 잠실 수중보를 통해서 상수 취수를 하고 있으니 팔당 상류의

• **표 2.2 1966년과 1968년의 한강 유역의 수질분석 결과**(단위 mg/L) •

지점	Ca^{+2}	Mg^{+2}	Na^{+}	K^{+}	HCO_3^-	SO_4^{-2}	Cl^-	NO_3^-	pH	경도
서울	15.6	3.16	5.5	1.96	50.6	17.3	7.80	1.24	7.2	51.87
팔당	13.0	2.92	3.22	1.96	39.6	10.5	5.30	0.62	7.3	44.05
양평	22.2	4.62	4.73	2.34	65.8	23.0	7.08	0.62	7.35	73.98
충주	26.4	5.23	5.23	2.34	77.5	26.8	6.03	0.62	7.5	87.65
단양	27.8	5.59	5.59	11.33	80.0	27.8	6.37	1.86	7.5	92.77
영월	30.2	5.72	5.72	11.33	88.4	22.0	5.30	0.62	7.8	93.88
후보	9.4	4.74	4.74	3.12	57.9	23.0	5.30	0.62	7.4	71.03
청평	7.8	2.18	2.18	10.9	28.1	17.3	4.96	0.62	7.1	28.90
홍천	6.4	1.70	1.70	10.9	18.9	10.5	6.73	0.62	6.85	22.80
춘천	9.6	2.67	2.67	1.96	36.6	10.5	4.60	0.62	7.3	35.25
소양	4.4	1.46	1.46	1.96	15.8	8.6	5.30	0.62	7.0	18.50

현재의 수질은 1960년대에 비해 나빠지기는 하였지만 그런대로 당시의 수질을 유지하고 있다고 볼 수 있다. 아마 그동안의 팔당 상류의 투자 효과를 보고 있는 셈이라고 할 수 있다.

서울시는 가양동, 보광동, 뚝섬 지역에서 취수하다가 수질이 나빠 현재는 폐쇄하고 잠실 지역(광나루)과 팔당에서 취수하여 공급하고 있다. 표 2.4에서와 같이 종합적으로 볼 때 대체로 지난 40년간 불순물이 2~3배 증가하였다고 보면 될 것이다.

• 표 2.3 1960년대 서울 지역 한강의 수질 •

위치	영동대교 북단(뚝섬 취수장)				한남대교 북단(보광동 ferry 지역)			
시료수 1963 1965	4 6				16 6			
측정치	최대	중앙	최소	평균	최대	중앙	최소	평균
BOD (mg/L) 1963 1965	 87 35	 23 27	 1 16	 28 24	 168 41	 78 30	 45 13	 83 25
DO (mg/L) 1963 1965	 5.4 8.4	 5.3 8.1	 2.2 5.1	 4.6 7.3	 3.4 7.3	 1.9 6.0	 1.0 5.5	 1.9 6.0
Solid (mg/L) 1963 1965	 160 189	 140 156	 30 112	 117 153	 910 250	 770 142	 120 110	 634 150
Suspended 1963 1965	 100 69	 90 32	 20 12	 60 35	 635 120	 300 23	 50 14	 307 37
MPN–1963 1000/mL	330	270	110	27.2	1400	550	110	679

• 표 2.4 한강의 지난 40여 년간의 수질 변화 •

구분	농도 변화(mg/L)
무기물질	(Ca + Mg) × 1.6 (Na + K) × 2.6 NO_3N × 3
유기물질	BOD(20–30) × 1/4~1/6

서울시 하류 지역에서의 취수를 그만 둔 이유는 물 소요량에 비해 처리시설 용량이 과다하기 때문인 것으로 알려지고 있다. 물론 정수시설도 폐쇄하였다. 그동안 누수로 물의 손실률이 높았으나 관거 정비로 누수량이 감소하여 실제적으로 물을 그렇게 많이 생산할 필요가 없어졌기 때문이다.

그림 2.6은 팔당, 소양, 충주호 수질을 나타내고 있는데 생물분해가능 물질의 농도는 낮아지고 있는 추세이며 분해불능물질의 농도는 증가 추세이다. 이러한 현상은 일본의 비와(Biwa) 호에서도 볼 수 있으며 늪지가 많은 미국의 플로리다 주에서도 볼 수 있다. 만약 이것이 임야 등에 의한 영향이라면(김성원, 2008) 우리가 인위적으로 이를 감소시키는 것은 무리라고 할 수 있다. 그림 2.7은 IWA(국제 물협회)에서 제공된 자료인데 1990년부터 2008년간 영국의 상수도 원수의 색깔 변화를 나타내 주고 있다.

1960년대 서울에서 위험한 질병으로 꼽혔던 것은 뇌염, 세균성 이질, 장티푸스, 콜레라, 바이러스성 소아마비 등인데 이 질병들이 단편적인 서울의 위생 상태를 나타낸다고 할 수 있다. 당시 서울시의 인구는 250~300만 명 정도

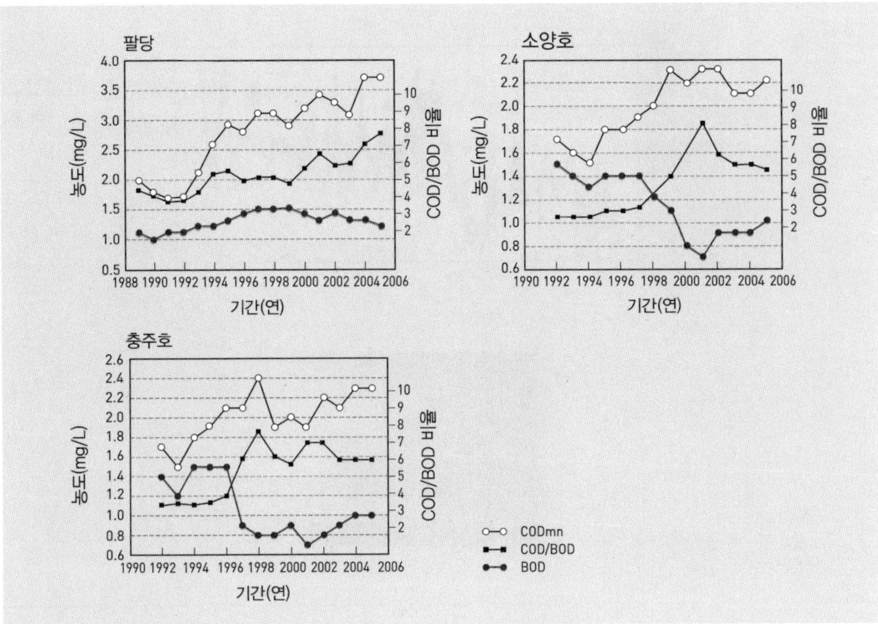

그림 2.6 한강 상류 호소수의 수질 변화(김성원, 2008)

로 지금의 약 1/4 정도였다. 수질과 직접적인 관계가 큰 장티푸스나 세균성 이질, 콜레라가 발병하였다는 것은 당시 우리가 먹은 물이 안전하지 못하였다는 것을 말해 주고 있다. 당시 급수량은 150~200 LPCD(이 양은 시설용량을 기준으로 한 것으로 실제의 1인당 1일 급수량은 이보다 훨씬 적었을 것이다)였으며 급수 보급률은 55~68%로 고지대는 물이 안 나오는 곳이 많았다. 따라서 서울 시내에는 우물이 많았다.

앞의 표 2.3은 1960년대의 서울 한강의 부분적 수질을 나타내 주고 있다. 뚝

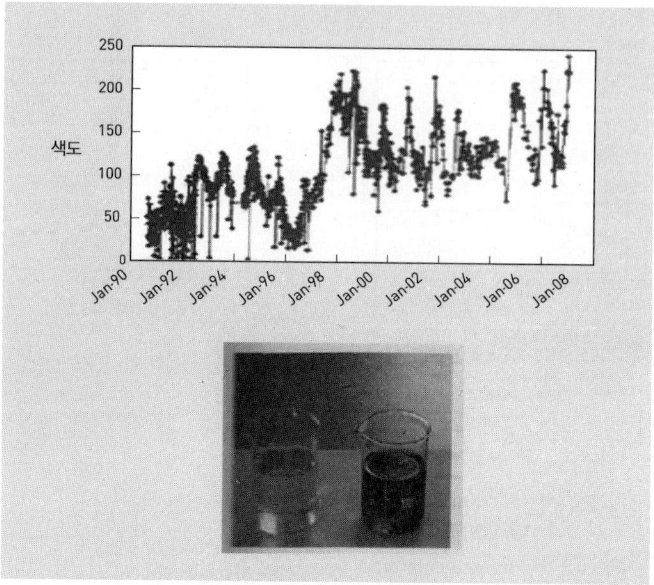

그림 2.7 영국 어느 정수장의 원수의 수질(1990년부터 2008년, IWA 제공)

섬 취수장(현재의 영동교 부근) 부근의 BOD는 평균 30 mg/L 이하로 현 중랑 하수처리장의 방류수보다 높았고, 보광동 선착장(현재의 한남대교 북단)은 중랑천 하류인 관계로 평균 BOD가 높을 때는 100 mg/L를 상회하기도 하였으며 DO도 매우 낮은 것으로 나타나고 있다. 이 자료는 당시 서울시 상수도에 대한 마스터플랜을 세운 Black & Veatch라는 엔지니어링사의 보고서로부터 발췌한 것이다. 이 회사는 1960년대 당시에 기술자가 3000명이나 된다고 하여 우리를 놀라게 하였는데 요즘에는 우리나라에도 이와 유사한 규모의 설계회사가 있어 감회가 깊다. 이 보고서에 의하면 서울시의 인구는 1920년에 25만, 1930년에 35만, 1940년에 93만, 1950년에 170만, 1960년에 240만 명 정도였다. 당시 서울시의 변소의 95%가 재래식이었는데 6리터에 1원(1 m^3으로는 167원)의 청소비가 들었다고 한다.

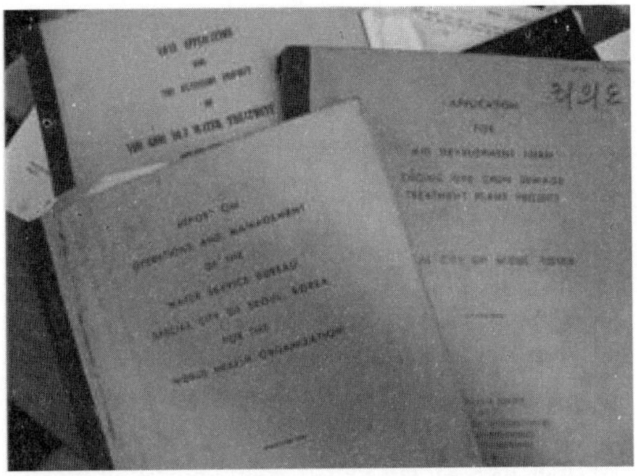

그림 2.8 청계천 하수처리장의 차관 신청서(자료 제공: 최의소)

1965년에 서울의 청계천 정화 사업을 위한 하수처리장 건설을 위해 작성된 보고서이다. 수돗물뿐만 아니라 각종 사업에 필요한 재원이 없던 시절이라 차관을 통해 사업을 수행하였다. 청계천 하수처리장(현 중랑물 재생 센터의 모체)은 이러한 필요성이 대두된 9년 후인 1974년에 설치되었는데 대한민국의 제 1호 처리장이다.

우리에게 필요한 물의 양

우리는 물을 얼마나 먹어야 하는가?

표 2.1에서 우리에게 필요한 물의 양이 얼마인지에 대해 설명하였는데 이를 좀 더 구체적으로 살펴본 후에 필요한 질에 대해 논하기로 한다. 우리에게 물은 필수적이다. 물을 통해서 우리 몸에 필요한 산소와 영양소가 공급되며, 물은 몸의 온도를 유지시켜 주고 몸속의 노폐물을 밖으로 이동시키는 역할을 한다. 대략 하루에 2.4리터가 필요하다고 하는데 땀 0.5리터, 배설물 1.4리터, 숨쉴 때의 증발 0.5리터를 합한 것이다. 국이나 차 등을 통해서 마시는 물을 제외하고 하루에 한 사람당 약 1.5~2리터의 맑은 물이 필요하다는 것이 공통적인 의견이다.

물은 우리 몸속의 귀중한 자산이다

물은 우리에게 필요한 에너지를 생산하는 원동력이 되며 체중도 감소시키고 근육을 튼튼하게 한다. 또 뼈마디를 부드럽게 하고 소화를 도우며 몸의 균형을 이루는 데 영향을 미친다. 물은 우리 세포 내에 필요한 Na^+, K^+, Cl^-과 같은 전해질을 공급하여 전기를 생산하여 몸에 필요한 에너지를 공급한다. 만일 물이 부족하면 전기 생산이 중단되어 필요한 에너지를 음식으로부터만 충당하다 보니 항상 많이 먹게 된다는 논리로 보인다(그림 2.9 참조). 이러한 견해를 잘 설명한 책이 "물, 치료의 핵심이다"이다(벳맨겔리지, 2003)

우리의 건강은 우리가 섭취한 음식물을 잘 소화시켜 흡수하고 잔재물(폐기물)을 잘 배설하는 데 있다. 배설이 원활하지 않으면 몸에 이상이 온다. 우리 몸의 배설 기관에서 나오는 배설물은 큰 창자를 거쳐서 나오는 분과 신장을 통해 나오는 오줌, 그리고 폐를 거쳐 나오는 가스이다.

우리 몸은 거의 대부분 물로 되어 있다. 몸 전체의 약 60%가 물로 되어 있고 근육은 75%, 뇌는 80%, 혈액은 82%가 물로 되어 있다. 물이 부족하게 되면 뇌에서 이 문제를 해결하기 위해 히스타민이라는 호르몬을 방출하여 몸에서 물이 빠져나가지 못하도록 한다. 폐에 있는 공기주머니(air sac)들을 수축시켜서 호흡으로 물이 빠져나가지 못하도록 하지만 호흡 시에 수축된 공기주머니로는 공기가 쉽게 들어올 수 없게 되는 것을 아스마(asthma)라고 하는데 그 근본 원인은 극심한 탈수 때문이다. 또 히스타민은 각종 알레르기를 일으킨다. 아스마, 알레르기, 우울증 등의 약들이 항히스타민제인데, 물을 충분히 마셔서

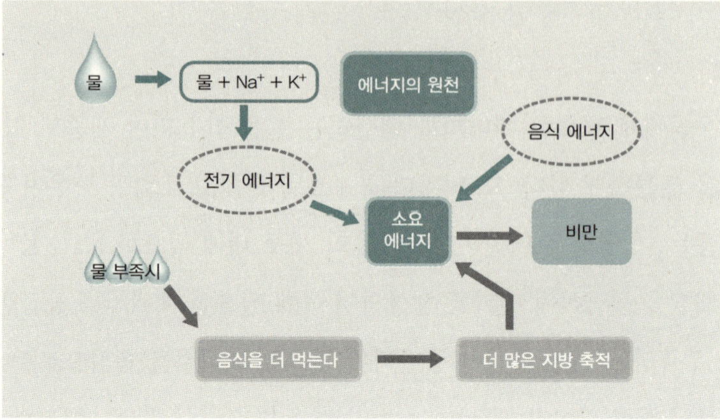

그림 2.9 물 다이어트

물을 충분히 섭취하지 않으면 인체 내의 세포가 배터리 역할을 하지 못하여 음식에만 의존하다 보면 체중이 늘어나게 된다는 것을 알 수 있다. 자동차로 말하면 배터리가 좋지 못하면 발동을 걸기에 충분한 힘을 제공하지 못하는 것과 같다. 하이브리드 자동차는 연료와 배터리가 연동되어 있는데 인체는 어떻게 되어 있는지, 즉 각 세포로부터 생산되는 에너지는 얼마나 되는지에 대한 자료는 찾지 못하였다. 음식 없이는 3주간을 버티지만 물 없이는 3일밖에 견디지 못한다는 것을 보면 물이 생명을 유지하는 에너지를 공급하는 것이 분명해 보인다.

히스타민이 지나치게 나오지 않게 하면 될 것이다.

물이 부족하게 되면 몸의 중요한 부분(뇌, 폐, 간, 신장, 심장)에 우선적으로 물을 공급하기 때문에 생명에 지장이 없는 부분에서 물이 빠져나가게 된다. 즉 위장과 관절 부위에서 물이 빠져나간다. 위장에는 소화를 위해 하루에 4컵 정도의 강 염산이 나오는데 이때 위벽에는 강 염산으로부터 스스로를 보호하기 위해 98%가 물로 되어 있는 점막 질층(mucous layer)이 있어 여기에는 강 염산을 중화시킬 수 있는 중탄산염(bicarbonate) 이온들로 가득 차 있다. 물이 부족하면 점막질층이 말라가면서 강 염산이 위벽 군데군데에 닿게 되어 위벽이 손상되어 극심한 통증을 유발하게 되는데 이를 위궤양이라고 한다. 이때 물을 충분히 마시면 위궤양 문제가 해결되고 통증도 사라지게 된다.

또 우리가 나이가 들어 겪게 될 가장 흔한 문제 중 하나는 무릎관절이 아파서 잘 걷지 못하게 되는 것이다. 무릎관절뿐만 아니라 몸에 있는 모든 관절에도 이러한 현상이 일어날 수 있다. 관절들은 뼈가 서로 부딪히지 않게 카트리지 내에 물로 쌓여져 있는데 물이 부족하면 관절이 서로 부딪치며 관절을 싸고 있는 카트리지도 찢어지게 된다. 허리통증도 마찬가지이다. 물먹은 스펀지가 있는데 물이 부족하면 스펀지 역할을 하지 못하게 되기 때문이다.

세포들은 대사활동에서 나온 폐기물을 소변으로 배출시키는데 물이 모자라면 배출이 안 되어 몸 안에 산(acid)이 쌓이기 시작한다. 산이 관절에 누적되면 당연히 통증을 유발하게 되는데 통풍(gaut)이 대표적이다. 엄지발가락 위에 극심한 통증이 나타나며, 탈수가 주 원인일 수 있다. 보다 심각한 문제는 피에서 물이 빠져나가면서 피가 산성화되고 또 동시에 진해지는 것이다. 나이가 들면 피부가 쭈글쭈글해지는 것도 세포 내의 물이 빠져나간 결과이다. 나이가 들면 갈증 센서가 고장 나서 물을 더욱 마시지 않게 되는데 물을 볼 때마다 먹는 습관을 가져야 한다. 소변의 색깔이 노란색이면 탈수 상태를 말하며, 몸이 산성화되어 있다는 증거이다. 몸이 산성화되면 뼈에서 칼슘 이온이 나와 골다공증이 된다. 몸을 산성화시키는 주범은 고기를 많이 먹는 것이다.

물은 암도 예방한다

하루 11잔의 물은 방광암에 걸리지 않게 하고(New England Journal of Medicine), 6잔의 물을 마시는 사람은 한 잔을 마시는 사람에 비해 암에 걸릴 확률이 1/2로 줄어든다고 한다(Harvard와 Ohio State University의 의사들).

운동 전후에 물을 마실 것

운동하기 전 큰 컵으로 물을 한 잔 마시고 운동 중에도 마시는 것이 좋다. 또한 운동 후에는 땀을 흘린 만큼 마셔야 한다

우리 몸의 기능별로 물이 하는 역할

- 뇌 : 물이 80%를 차지하고 있다.
- 심장 : 피의 83%가 물이다.
- 핏줄 : 세포에 필요한 물과 양분과 산소를 공급한다.
- 허파 : 우리가 숨 쉴 때에도 수분이 공기를 통해 공급된다. 또한 몸의 온도를 조절한다.
- 입과 치아 : 음식물을 분쇄시키며 침샘을 통한 분비물은 위에서 음식물이 잘 소화되도록 한다.
- 위 : 물은 음식물의 에너지화를 돕고 위액(산성)을 통해 소화시킨다.

• 췌장: 위로부터 내려오는 산성인 위액을 HCO_3로 중화시켜 양분을 장으로 이동하게 한다. 췌장은 중요한 기관을 보호하며 기관 간의 물을 분배하는 완충 역할을 한다.

• 창자: 몸이 영양분을 흡수하도록 한다.

• 콩팥: 노폐물을 운반하여 걸러낸다.

• 뼈: 뼈 속에도 22%의 물이 있다. 뼈마디의 물은 완충 역할을 한다.

• 근육: 근육 내에 75%가 물이다. 요즘 비만에 대한 관심이 크다. 근육은 물이 많기 때문에 전기가 잘 통하나 지방은 물이 적어 전기가 잘 통하지 않는다. 이 원리를 이용해서 비만 정도를 파악하기도 한다.

• 신장 결석: 신장 결석은 오줌 내의 NH_4N, PO_4, Mg이 결합되어 결석이 되는 것으로, 높은 농도에서 잘 일어나는데 물을 잘 마시지 않는 것도 원인이 된다.

• 구강: 물을 덜 섭취하면 충치가 더 생긴다고 한다(2016.3.25 물의 날 쿠키뉴스). 입이 메마르면 1~1.5리터의 침이 배출되지 못하여 침에 의한 살균작용이 저하되어 충치가 더 잘 생기게 되는 것이다. 입 안이 많이 메마르면 입 안과 혓바닥에 점막 건조로 인한 통증이 유발된다고 한다. 한편 산성 음료는 치아의 손상을 가져오는데, 손상을 방지하려면 3분 이내에 칫솔질을 하던가 물로 헹구거나 빨대를 사용하여야 한다.

생활용수

물은 우리 생활에 없어서는 안 될 물질이다. 이미 언급한 바와 같이 서울시를 기준으로 보면 인구 1인당 하루에 약 350리터의 물을 사용한다(최의소, 1995).

이 중 약 200리터가 개인생활에 필요한 양이며 나머지 150리터 정도는 상가 활동이나 공업용수로 필요한 양이다.

물을 사용한 후 하수처리장에 유입되는 양을 보면 약 400리터인데 50리터 가량이 지하수나 빗물로 유입되는 양이다. 따라서 전체 물 사용량 중에서 먹는 물은 얼마 되지 않고 대부분 일상생활을 영위하는 데 물이 사용된다고 볼 수 있다.

따라서 후진국으로 갈수록 물 사용량은 적고 생활 형편이 좋을수록 또한 기후가 더울수록 물이 많이 소모된다고 볼 수 있다. 가장 많은 차이가 나는 것은 세탁이나 목욕, 청소 등에 필요한 물과 화장실 청소수의 양이다. 특히 화장실이 수세식이 아니면 물 사용량은 크게 줄지만 수세식이면 그 사용량이 증가한다.

1인당 1일 화장실 사용횟수는 약 5~6회이다. 따라서 변기의 구조와 청소 방법에 따라 물 사용량이 증감된다. 우리나라에서도 물이 부족할 때에는 수세식임에도 바가지로 물을 부어 청소하는 이른바 pour flush로 청소를 하였다. 이 경우 1회 사용에 약 2~3리터씩으로 보면 하루에 한 사람당 약 10~15리터가 소요된다. Cistern flush(물탱크를 통해 청소하는 수세식 변소)인 경우에는 1회 사용에 약 1 gallon(3.8 L)으로 1일 최소 20 L 가량이 소요되는 것으로 추정된다. 실제로는 이것보다 훨씬 클 것으로 보인다.

음식과 물

우리나라의 음식문화는 해를 거듭하면서 달라지고 있다. 쌀을 주식으로 하는 데에는 변함이 없지만 쌀 소비량은 감소하고 있는 반면에 과일이나 육류

소비량은 증가하고 있다(표 2.5 참조).

사람의 활동을 유지하기 위한 최소한의 시간당 에너지(기초대사량)는 남자는 몸무게 kg당 1 kal, 여자가 0.9 kcal이며 이 양은 실제로 필요한 양의 60~70% 라고 한다. 남자의 평균 몸무게를 70 kg, 여자를 60 kg이라고 보면 하루 필요한 에너지는 남자 2600 kcal, 여자 2000 kcal로 평균 약 2300 kcal이다.

식량 문제 해결을 위해 계획할 때에 필요한 열량을 연간 100만 kcal로 하는데 이는 하루에 2740 kcal 정도이다. 유통 과정과 식품 제조 과정에서 이의 약 15% 가량인 400 kcal가 손실된다고 보면 소비자에게 전달되는 열량은 약 2340 kcal이다. 우리나라 음식 폐기물 양은 1인당 하루에 약 0.27 L이며, 이는 열량으로 약 180 kcal에 해당된다. 따라서 순수 섭취되는 kcal는 2160 kcal이다.

질병관리본부(www.cdc.go.kr)의 자료(주간 건강과 질병 2, 1, 1/4/09)를 보면 우리 국민의 일평균 섭취량은 1809 kcal(남 2084, 여 1529 kcal)이며 이 중 탄수화물 67%,

• **표 2.5 한국인 1인 연간 식품 소비량의 변화**(단위 kg) •

	1980	1990	2000	2010
쌀	132.9	120.8	97.9	72.8
밀	29.4	29.7	36.1	31
과일	16.2	29	40.7	58.3
육류	13.9	23.6	37.5	38.8
합계	192.4	203.1	212.2	200.9
1일 기준	0.53	0.55	0.58	0.55

단백질 14.7%, 지방 18.4%로 1969년 3%에 불과하던 동물성 소비가 20%로 증가하였고 지방은 7%에서 18%로 증가하였다. 건강 소비량에 비해 단백질과 인은 1.5배, 나트륨은 3배나 더 섭취하는 데 반해, 칼슘과 칼륨은 필요소요량에 비해 60% 정도밖에 섭취하고 있지 않다. 이 보고서에 의하면 동물성 식품은 1283 g, 식물성은 1027g, 합계 2310 g인데 이를 2160 kcal에 적용하면 2.8 kg으로 산출된다.

이 값은 수분이 포함된 양으로 정확한 값을 산출하기는 매우 어렵다. 실제로 연간 1인 식품 소비량의 변화를 보면 약 200 kg 내외로 하루에 0.55 kg에 불과한데 이는 국이나 우유 등 수분이 제외된 무게로 보인다. 이상 계산치를 요약한 것이 그림 2.10이다. 참고로 우리나라는 식품폐기물을 별도 수거하여 처리하고 있는데 과일 껍질도 이와 함께 수거하고 있어 만약 식품폐기물(주방폐기물)을 분쇄하여 하수처리장에서 처리한다고 하면 현 농도보다 약 30% 가량 증가할 가능성이 있다. 분쇄기를 사용하는 경우의 일반적인 방법은 조리되지 않은 과일껍질 등은 일반 쓰레기통에 버리기 때문에 하수 농도가 그리 높게 증가하지 않으나 우리의 경우는 높아질 가능성이 있어 이에 유의할 필요가 있다.

2004년도의 FAO 보고서를 보면 지구 전체의 토지 면적은 134억 ha인데 약 11%인 15억 ha가 경작지이다. 앞으로 가용한 경작지인 27억 ha를 포함한 42억 ha의 약 36%의 면적이 현재 사용 중이다. 현재 인구 70억 명을 기준으로 보면 1인당 가용 면적은 현재 0.2 ha, 장래 0.6 ha이 되는 셈이다(그림 1.1 참조). 농산물의 생산은 경작지 면적도 중요하지만 적절한 기후, 에너지(인력 포함), 물이 있어야 하며 비료도 필요하다. 이러한 조건이 잘 구비된 경작지에서 최대

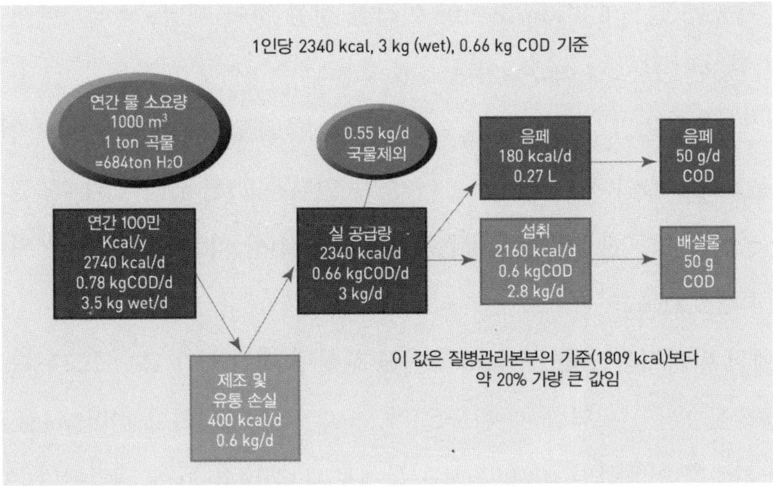

그림 2.10 한국인 식품 소모량과 열량

• 표 2.6 한국인의 권장 열량과 질소 섭취량의 추정(계산 자료) •

	그램당 열량(kcal)	권장량(g/d)	(kcal/d)	섭취량(g/d)	질소 섭취(g/d)
탄수화물	약 4	200~250	0.67×2160 = 1447	361	
단백질	약 6	46~56	0.147×2160 = 317	52.8	×0.14 = 7.7
지방	약 9	44~78	0.184×2160 = 397	44	×0.15 = 6.6
합계			2160	457.8	14.3

우리나라 음식 섭취 2159 kcal에서 탄수화물 섭취 비중 67%, 단백질 14.7%, 지방 18.4%를 기준으로 하여 표준 열량을 토대로 산출한 섭취량은 합계 457.8 g이다. 질소 섭취량은 단백질 14%, 지방 15%로 가정하여 산출하였는데 합계 14.3 g이다. 대체로 우리가 권장량의 50% 가량을 더 섭취한다고 하므로 우리나라의 질소 권장량이 10 g 정도로 보인다.

생산 가능한 밀은 6.9 ton/ha이며 이러한 시설 없이 개발도상국가에서 최대 생산 가능한 양은 2.5 ton/ha이다.

우리나라의 농경지 면적은 전 면적의 19%에 해당되는 170만 ha로 인구당 면적은 0.034 ha이다(그림 1.1 참조). 이 중 논 면적은 90만 ha인데 약 430만 톤의 쌀을 생산하므로 면적당 생산량은 4.8 ton/ha이다. 식량을 자급하기 위한 소요 면적은 0.13 ha이다.

앞에서 이야기하였듯이 1 kcal 농산물 생산에 대략 물 1 L가 소모된다고 하며, 농산물 1톤을 교역할 때에 물은 약 684톤이 이동된다고 한다(Virtual water). 이 두 자료를 이용하면 100만 kcal는 무게로 대략 1440 kg에 해당된다. 이는 1인당 하루에 4 kg에 해당되는 양이다. 우리가 농산물로 필요량의 70%를 수입한다고 할 때 연간 1인당 물 700 m^3을 수입하는 셈이다.

농업용수

지구 전체적으로 볼 때에 물의 65%를 농업에 사용하며, 20%를 공업에, 10%를 생활용수로 이용하고 있다고 한다. 필요한 수량은 작물에 따라, 또 지역에 따라 다르지만 이미 언급한 바와 같이 대략 1 kcal당 1리터를 잡고 있다. 따라서 1인당 연간 약 100만 kcal(하루에 약 3000 kcal 기준)의 열량이 필요하다면 연간 1인당 1000톤의 물이 소요되는 것으로 볼 수 있다. 여기에 나무와 풀도 자라야 하고 식수와 하천유지 용수 등을 합하여 연간 1인당 대략 1700톤 이상이 필요하다고 볼 수 있다. 따라서 연간 1700톤 이하의 지역을 물 부족 국가로 구분하며, 1000톤 이하를 물 기근 국가로 구분하고 있다. 우리나라는 가장 가

물었을 때를 기준으로 가용수량이 1인당 연간 1500톤에 불과(국토해양부 2006)하여 물 부족 국가로 분류된다(그림 1.2 참조). 우리나라는 무게 기준으로는 식량의 70%(금액으로는 76%) 가량을 수입에 의존하고 있다. 따라서 엄밀히 말하면 우리는 물로 인한 스트레스가 대체적으로 농업국가에 비해서는 훨씬 적다고 할 수 있다. 하지만 요즘 같은 강우 패턴으로 볼 때에 국지적으로는 심한 가뭄을 겪는 지역이 있는 반면에 집중호우로 피해를 보는 지역도 있다.

우리에게 필요한 수질

(1) 안전한 물

우리에게 필요한 수질은 두말할 필요도 없이 안전한 물이다. 좋은 물이기 이전에 우리가 사용하기에 안전한 물이어야 한다. 이에 대한 기준은 WHO에서 사용하는 음료수 수질 기준이다. 이 기준에서는 마시는 물과 사용하는 물로 구분하지는 않고 있으나 먹고 마시는 데에도 안전하고 사용하는 데도 불편 없는 물의 질을 말하고 있다. 이러한 WHO 기준을 통해서 각 나라는 자기 나라에 맞게 수질을 결정하여 사용하고 있다. 반면에 좋은 물에 대한 기준은 없다. 좋다는 뜻이 상대적이기 때문으로 보인다. 따라서 필요에 따라 물을 선택하여야 한다. 예를 들면 신장병 환자에게는 염분이 거의 없는 물이 좋은 물이다.

플라스틱 병에 담아 판매되는 물(bottled water)에는 크게 두 가지가 있는데 그

중의 하나가 광천수(우물물)이며 나머지는 수돗물을 재처리하여 병에 담은 병입 수돗물이다. 서울시의 아리수는 수돗물에서 냄새만 제거시켜 병에 담은 물이며 수돗물을 재처리한 후에 미네랄 등을 첨가한 물이 있는데 대표적인 것이 코카콜라와 네슬레에서 생산하는 물이다.

이미 언급한 바와 같이 우리는 물이 부족하던 시절에는 물만 있으면 만족하였는데 수돗물이 잘 공급되면서부터 수질 문제에 관심을 갖게 되었다. 내가 물을 전공하였다고 하면, 사람들은 자신이 먹는 물의 수질에 대해 많은 질문을 한다. 또 어떤 정수기가 좋은지도 묻는다. 이러한 질문이 한국에서만은 아니다. 특히 후진국을 여행하다 보면 현지인들은 아무 탈이 없는데 왜 우리만 탈이 날까 하는 경우도 많아 이에 대한 질문도 많이 한다. 세계 어느 나라에나 병에 든 bottled water가 있지만 이러한 물을 먹고도 설사로 고생한 경우도 있기 때문이다. 이 때문에 해외여행을 갈 때는 설사를 멈추게 하는 약부터 챙기게 된다. 이러한 문제를 전반적으로 쉽게 설명하기 위해 다음과 같은 주제로 설명을 하려고 한다.

표 2.7에서와 같이 우리가 먹고 사용하는 수원은 대략 3가지로 구분된다. 빗물, 지표수 또는 지하수(우물물)이다. 바닷물도 요즘은 수원이 되고 있으나 흔한 일이 아니므로 여기서는 편의상 생략하기로 한다. 또한 사용하는 물로는 자연 그대로 사용하는 경우도 있지만(예를 들어 빗물) 대부분 도시 상수도, 수돗물을 재처리하여 병에 넣은 bottled water 또는 가정용 정수기를 거친 물이다. 사용하는 물을 음료수나 취사용으로 그리고 목욕이나 세탁용으로 사용한다고 가정하였을 때의 문제점으로, 병원균, 중금속, 유기화학물질, 염분 또는 석회물질,

• 표 2.7 수질 문제를 논의하기 위한 구분 •

수원	용도
빗물 지표수 우물(지하수)	음료용 목욕 세탁용 취사용
공급 방법	**위험 요소**
수돗물 병입물 가정용 정수기	병원균 중금속 유기화합물 염분/경도 맛과 냄새

맛과 냄새로 구분하여 설명하려고 한다.

사람이 사는 곳에는 안전한 곳이 없다고 보아야 한다.

지구상에 생물이 사는 곳이면 어느 곳이나 미생물들이 살고 있고 조건만 맞으면 언제나 조건(환경)에 맞는 미생물들이 성장하며 먹이 사슬로 연결되어 있다. 또 이러한 환경에 사람이나 고등 동물에 의한 배설물이 나오기 마련이어서 그 배설물을 분해시키는 미생물이 번식하게 된다. 배설물에는 병을 유발하지 않는 미생물이 있을 수 있으나 시간이 경과함에 따라 병원균이 성장할 수도 있다. 특히 야생동물은 기생충을 보유하고 있으며 이러한 기생충은 사람에게 치명적인 손상을 줄 수도 있다. 이러한 이유로 어떠한 물을 공급하던지 소독은 필수 사항이다. 특히 사람이 거의 살지 않는 곳을 수원으로 하는 수돗물인 경우에 처음에는 사람이 살지 않았지만 세월이 지나면서 그 수원이 오염되는 경우가 많다. 사람이 많아지면서 물을 사용하고 마구 버리면 이것이 큰 오염 문제를 유발한다. 특히 배설물 관리는 이이 언급한 바와 같이 매우 중요한데 후진국에서는 이를 간과하고 있는 경우가 대부분이다. 이를 그대로 방치하면서 깨끗한 물을 먹겠다고 하는 것은 매우 어려운 일이다.

우리가 먹는 것은 물뿐이 아니고 단백질 섭취를 위해서는 육류도 필요하다. 필요한 육류는 동물 사육을 통해 얻는데 사람의 배설물이 토양에 그대로 있게 되면 이러한 동물을 통해서 우리 식탁으로 다시 돌아오게 된다. 채소도 마찬가지이다. 채소를 날것으로 먹을 때는 깨끗하게 씻어 먹어야 하는데 씻는 물이 오염되어 있으면 문제가 되기 때문이다. 배설물뿐만 아니라 하수도 마찬가지로 물을 오염시킨다. 공장폐수나 농약도 우리를 위협하고 있다. 이러한 가운데서 비가 오면 하류로 오염물질이 확산된다. 대체로 이러한 배설물을 고려하여 책정된 기준이 대장균이다. 대장균 자체는 병원균이 아니지만 사람의 대장에 아주 많이 서식하기 때문에 편의상 대장균 마리 수로써 물의 안전성 여부를 판가름한다. 우리나라 기준을 보면 물 100 mL 중에 대장균(total coliform)이 검출되지 않아야 하며 bottled water인 경우에는 250 mL 중에서 검출되지 않아야 한다. 실제로 분뇨와 연관된 분변성 대장균(fecal coliform)은 총 대장균 수의 1/10 가량이다.

변소가 없는 인구는 70억 중에 약 25억 명이라고 하였는데 이들은 밭이나 물가에 그대로 배설하고 있다. 대표적인 나라가 인도인데 이곳 배설물은 개나 소가 청소를 한다. 물가에 배설한 것은 물고기 밥이 된다. 이 지역에 비가 오면 배수가 안 되어 쉽게 물에 잠기는데 그 물이 어떠할지는 상상에 맡긴다. 구약성경 신명기 23:12-13에 보면 "너의 진 밖에 변소를 베풀고 그리로 나가되 너의 기구에 작은 삽을 더하여 밖에 나가서 대변을 통할 때에 그것으로 땅을 팔 것이요 몸을 돌이켜 그 배설물을 덮을지니"라고 기록되어 있는데 이대로만 하면 훨씬 좋을 것으로 보인다.

인구가 적던 시절에는 이러한 오염물질이 자연적으로 정화되었다. 사람이 살도록 자연이 도움을 준 것이다. 미생물들이 더러운 것을 분해시켜 깨끗하게 만들어 주고 햇빛은 살균을 시켜 병균이 퍼지지 못하도록 한다. 더러운 물이지만 증발하여 깨끗한 물로 변화되어 우리가 어려움 없이 물을 먹고 살아왔다. 하지만 인구가 늘어나 인간의 활동이 많아지면서 이러한 자연적인 치유는 한계에 다다랐다. 이제 우리는 우리의 배설물뿐만 아니라 우리의 활동으로부터 야기되는 오염물질이 발생되지 않게 원천 봉쇄를 하거나 또 처리하면서 살아야 하는 지경이 되었다. 이 내용을 요약한 것이 그림 2.11이다.

사람의 배설물을 토양에 버리게 되면 분해도 되지만 가축들이 모여들고 결국 사람의 입으로 돌아오게 된다. 우리나라는 분뇨를 비료로 사용한 적이 있다. 김치를 먹는데 배추에 분뇨를 주었던 것이다. 대표적인 것이 기생충이다. 1950년대 일인당 평균 50마리가 있어 매년 2회씩 구충제를 먹었다. 분뇨를 배추에 주는 것도 금하였지만 분뇨처리장에서 분뇨를 처리하게 되면서 분뇨를 구하기도 어려워졌다. 1980년경에 개화동 분뇨처리장(그림 2.1 참조)에서 분뇨의 기생충 감염 여부를 조사한 적이 있는데 거의 검출되지 않았다. 지금은 유기농산물이 인기가 있는데, 주로 가축분뇨를 비료로 하여 키우고 있으므로 기생충이 있을 수 있어 흐르는 물에 잘 씻어 먹어야 한다. 사실상 가축분뇨(퇴비)는 농작물이 출하하는 시기에는 주지 않는 것이 원칙이다. 최근에는 고래회충으

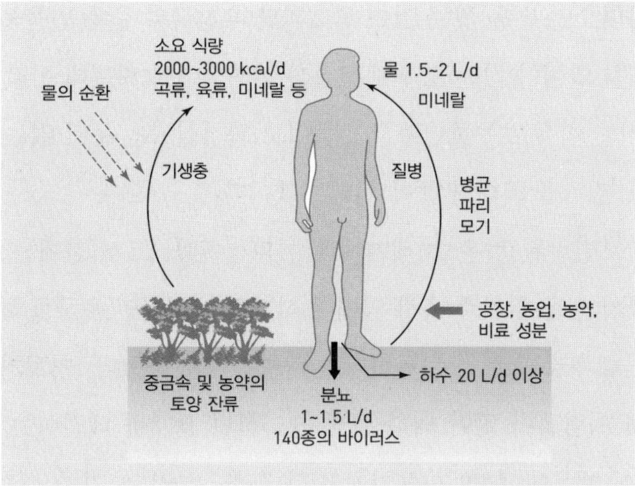

그림 2.11 오염물질의 순환으로 위험에 처한 인간들

로 바다 생선이 오염되었다는 보도가 있는데 회충은 고래 내장으로부터 생선 내장으로 옮겨오나 내장을 그대로 먹지도 않을 뿐더러 오래된 생선의 경우에는 회충이 내장에서 근육으로 옮겨지는데 이러한 회충은 우리 몸속의 위를 통과하면서 강한 산성 때문에 죽게 되어 너무 걱정할 필요는 없다. (기생충학자 서민 교수의 의견)

화장실에 다녀오면 손을 꼭 씻어야 할까?

기본적으로 분뇨에는 각종 미생물들이 있지만 오줌에는 환자를 제외하고는 병원균이나 기생충이 없다. 화장실은 모든 사람들이 사용하는 곳이기 때문에 화장실에 다녀오면 손을 씻는 것이 좋겠지만 후진국의 물은 믿을 수 없다. 또한 수도꼭지를 열어야 하는 경우에는 손과 접촉되어야 하는데 이것 또한 꺼림직하다. 이러한 이유로 누름단추를 만들었고 화장실에는 문이 없는 것이 원칙이라고 한다. 접촉을 최대한 줄이기 위한 것이다.

화장실이 보편화된 것은 20세기에 들어와서이다. 그 이전에는 대부분 농촌 지역이었기 때문에 가축 축사 옆에서 적당히 생리적인 욕구를 해결하였다. 19세기에는 대체로 도보로 이동하거나 마차를 이용하였다. 기차가 생기면서 좁은 공간에 사람들이 많이 타다 보니 생리적인 문제를 해결하는 데 어려움을 겪었다. 이 때문에 소변 통을 가지고 다니기도 하였다. 가죽으로 만든 것부터 도자기로 만든 것까지 여러 종류가 있었던 것으로 보인다. 필요할 때 적당히 사용하고 적절한 곳에서 적당히 처분하였다. 콜럼버스(1451~1506)는 대해를

그림 2.12 손을 잘 씻는 것이 질병의 예방

항해하였는데, 생리적인 문제에 대해서는 항해일지에 기술된 것이 없어 알려진 것이 없으나 분뇨 통을 설치하여 이를 바다에 버린 것으로 보인다. 항해 중에는 비상 식량을 위해 짐승들을 태우고 다녔는데 분뇨와 함께 냄새를 분출하였음을 쉽게 추측할 수 있다. 제임스 쿡(1728~1779)은 영국의 해군이며 탐험가로써 오스트레일리아의 항해의 길을 열어 놓았다. 1788년 영국 정부는 죄수들을 이곳으로 이주시켜 오스트레일리아를 식민지로 만들었는데 그때 당시에는 별로 관심이 없다가 1851년 금광의 발견으로 이주가 본격화되었다고 한다. 1852년의 공식적인 보고서에 의하면 42척의 배에 15477명이 영국을 떠나 멜버른으로 갔는데 총 849명이 티부스, 설사병, 홍역 등으로 사망하였다고 한다. 어린이는 5명에 한 명꼴, 어른은 60명에 한 명꼴로 사망한 것이다. 이러한 참상은 1852년과 1855년에 제정된 승선인원의 제한, 위생 시설에 대한 법령으로 개선되었고 1850년 이후 등장한 증기선이 여행기간을 33~35일로 줄여(1869년에 수에즈 운하 개통) 희생자가 감소하는 데 일조하였다고 한다(푸러, 2005). 이러한 위생적인 문제는 전쟁 중에도 마찬가지였다고 한다. 전쟁 중에 질병에 의해 죽은 사람이 전쟁 자체에 의한 사망자보다 매우 많았다는 통계가 있다. 직접적인 접촉 이외에도 쥐나 파리에 의해 질병이 옮겨진다고 한다. 사람은 똥 위에 흙을 뿌리지만 파리는 우리 식탁에 똥을 뿌린다는 말이 사실일 것이다.

1801년 런던 주민은 약 100만 명이었다고 하는데, 분뇨를 적절히 처리하는 시설이 없었기 때문에 도시에 들어오면 악취가 났다고 한다. 또한 하수처리위원회가 있었지만 어떠한 대비책도 내놓지 못하고 있었다. 하수도가 없는 상태에서 수세식 화장실이 증가함에 따라 구덩이에 분뇨와 함께 증가되는 수량이 결국 식수원이 되고 있는 지하수를 오염시켜 1848~1849년 6개월 동안 53000명이 목숨을 잃게 되었다. 당시 템스 강은 매우 오염된 상태였는데, 이 물도 식수원으로 사용하였다고 한다. 이후에 영국에서는 하수도 사업을 진행하였고 식수를 정화시키는 방법을 시작하여 현대 기술의 모체가 되었다. 당시에 물 문제를 맡았던 Snow 경이나 빈민구제위원회의 Chadwick은 인류의 위생문제 해결에 새로운 방향을 제시해 준 선각자들이었다. 이들은 환경이 불량한 지역의 주민이나 노동자들에게 질병이 많다는 사실에 착안하여 환경 개선에 앞장섰다. 질병이 병원균에 의해 유발된다는 것이 과학적으로 증명되기 약 30년 전의 일이었다. 병원균이라는 사실은 후에 Koch, Pasteur 등에 의해 증명되었으며 이후 이러한 균들을 죽이기 위해 염소 소독이 시작되었다. 물의 안전성에 있어서 중금속이나 농약 등과 같은 독성 물질도 중요하지만 가장 쉽게 치명타를 입는 것이 병원균이다. 이러한 우려가 있는 곳에서는 끓여 먹는 것이 상책이다. 그림 2.13은 분뇨와 관련된 미생물과 기생충이다.

(2) 병원균

물속의 콜레라, 장티푸스, 트라코마와 같은 박테리아균을 비롯해서 원생동물(protozoa), 바이러스와 기니벌레와 같은 선충(線蟲, nematode)은 질병을 유발한다. 콜레라와 장티푸스는 열을 동반하고 설사를 일으켜 결국 탈수증으로 사람을 죽게 하는 수인성 질병이다. 이 질병은 쉽게 전염되므로 환자를 즉시 격리시켜야 한다. 우리나라에는 최근 거의 이러한 환자가 없기 때문에 이 병원 저

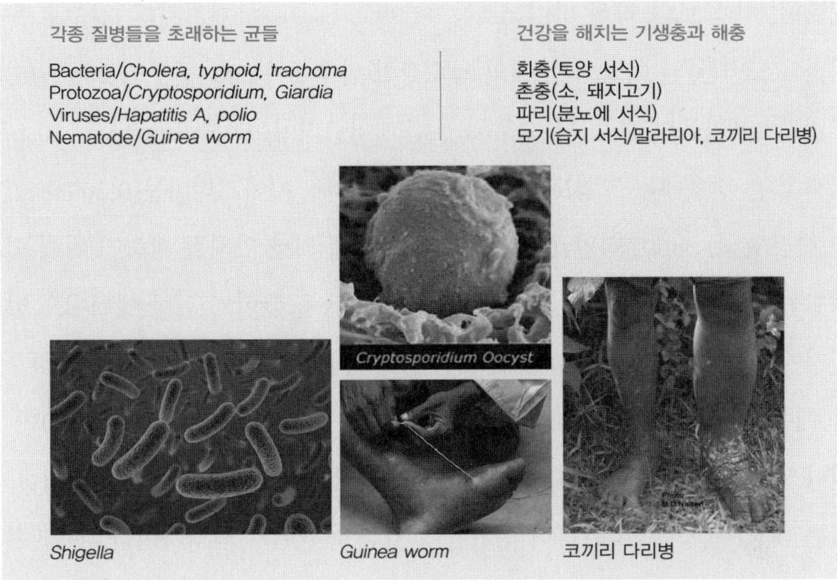

그림 2.13 분뇨와 연관된 미생물(병원균)과 기생충

병원을 다니다가 결국 죽을 때에야 무슨 병이었는지를 알게 되는 경우도 있다. 따라서 해외여행 시에 이러한 병에 걸리면 현지에서 해결하는 것이 가장 효과적인 방법으로 보인다.

트라코마는 오염된 물로 인해 안질이 생기는 병으로 치료하지 않으면 실명한다고 한다. 원생동물은 박테리아가 단세포인데 비해 다세포 구조이다. 크립토스포리듐이나 지아르디아도 설사를 유발한다. 동물의 분비물에서 발견되는데 지아르디아는 염소 소독으로도 잘 죽지 않는 특징을 가지고 있다. 따라서 도시 상수도에서는 지아르디아를 99.9%(3 log 제거) 제거하는 것을 목표로 하고 있으며, 이때 보다 약한 바이러스는 99.99%(4 log 제거) 제거된다. 참고로 우리나라의 5만 톤/일 이상의 97개의 정수장의 원수에서 2004년부터 2007년까지 크립토스포리듐의 검출률은 7%(54/776), 지아르디아는 9.3%(72/776)로 10 L 중에서 많은 경우에는 크립토스포리듐은 0.17개체, 지아르디아는 0.26개체였다고 한다(박상정, 2010). 병원균이나 바이러스 등에 의한 위해를 피하기 위해 쉽게 택할 수 있는 방법은 물을 끓여 먹는 것인데, 물을 끓이기 위한 에너지도 없고 심지어 물조차 구하기 어려운 지역이 우리 지구상에는 많다. 지구 전체적으로 볼 때에 병원균에 오염된 물로 인한 희생자 수는 2000년 초에 연간 300만 명이나 되었다. 이 때문에 MDG 사업 중의 가장 큰 목표가 이러한 희생자를 줄이는 데 있는 것이었다. 특히 병원균에 약한 어린이가 희생자이다. 지금 현재는 희생자 수가 150만 명으로 크게 줄었다(http://www.cdc.gov)

이렇게 분뇨와 직접적으로 관련된 질병 이외에도 장내기생충(helminthes), 촌충(tapeworm), Filariasis(다리가 굵어져 있어 코끼리 병이라고도 부른다)도 우리를 괴롭힌다. 장내 기생충에는 회충, 편충, 요충, 간흡충 등이 포함되는데 배설물에 장기간 생존하여 토양을 매개체로 채소 등으로 다시 우리 식탁에 오르게 된다. 촌충(Tapeworm, 寸蟲)은 소나 돼지고기를 통해 식탁에 오른다. 파리는 이미 언급한 바와 같이 분뇨를 이곳저곳으로 운반하여 질병을 옮기는 역할을 하므로 음식이 파리와 접촉하지 않도록 노력하여야 한다. 물이 고여 있으면 모기가 서식하는데, 모기는 말라리아 병을 전파한다. 수정된 암컷이 피를 빨아 먹을 때 이 균이 전파되어 모기도 주의하여야 한다. 말라리아 병은 MDG에서도 퇴치대상 질병이다. 우리나라에서는 말라리아 병에 대한 큰 피해가 없으나 더운 지역에 가면 문제가 크다. 동남아의 댕기 열병도 모기에 의한 것이다. 그러나 아직까지 예방약이 없다고 한다. 동남아에 가면 다리가 코끼리 다리처럼 되어 있는 환자를 볼 수 있는데 모기가 전파한 기생충에 의한 것이라고 한다. 이를 고치더라도 원래 모습으로 되돌아가지 않는다고 한다. 모기와 파리가 없는 안전한 곳은 없을까 하는 생각도 들지만 이러한 곳에는 벌도 없이 삭막한 곳일 것이다. 벌이 없다 보니 과일도 없다. 고산지대가 이러한 지역인데 지구 온난화로 지역의 온도가 높아져 모기의 공격을 받으면, 그 피해가 클 것으로 예상된다. 왜냐하면 이곳에 사는 사람들은 이에 대해 거의 면역이 없을 수 있기 때문이다. 우리가 사는 이 땅은 각종 먹이 사슬로 연결되어 있어 이 사슬에 걸리지 않도록 주의해야 하고, 이를 극복하기 위해 땀을 흘리며 살아야 하는 위험한 곳이다(구약성경 창세기 3:17-19).

물의 겉보기와 안전성

먹을 물은 보기에 깨끗해야 한다. 보기에 더러우면 먹지 말아야 한다. 하지만 물이 없는 곳에서는 동물들과 함께 물을 먹는 경우도 흔하다. 먼 곳에서 물통들을 우물이나 급수탱크에 가져와서 담아가기도 한다. 물통을 어깨에 메고 가는가 하면 당나귀에 실어 나른다(그림 2.14). 우물을 설치할 때에는 오염원과의 거리가 17~34 m 정도는 떨어져 있어야 한다. 특히 오염원은 지하수와 직접 접촉되면 지하수가 오염되기 때문에 각별한 주의가 필요하다. 오염원에는 재래식 변소를 포함하여 정화조나 하수관거가 포함된다. 따라서 이러한 시설은 지하수 위로부터 상당한 거리에 위치해야 한다. 오염원과의 거리는 토양

그림 2.14 에티오피아의 물 운반 광경

의 성상에 따라 다르다. 점토질의 경우에는 모래흙인 경우보다 그 거리가 짧아도 될 것이다. 오염물질 내의 병원균이 토양을 통해 걸러지고 또한 오염물질도 분해시키기에 충분한 기간을 주면 될 것으로 보인다. 수세식 변소를 거친 하수를 정화하기 위해서 초창기에는 땅에 구덩이를 파고 그대로 방류한 역사적인 기록이 있다. 얼마 안 가서 토양이 막히게 되므로 정화조를 설치하여 하수 내의 덩어리를 액체로 만든 후에 토양을 이용하여 처리하는데 이 방법을 soaking pit 또는 leaching field라고 부른다. 이 면적이 대략 1인당 5 m^2 가량(von Sperling, 2006)이다. 토양이 모래와 점토로 균질하다고 가정하고 수세화에 따른 물 소요량을 200 LPCD로 보면 유속이 대략 0.04 m/일이다. 인근에 우물이 있다고 가정하면 17~30 m는 425~750일이 소요되어 분뇨 내의 미생물들이 충분히 사멸되는 기간이다.

우리나라 흙은 비교적 투수계수가 낮다. 10^{-6}~10^{-7} m/sec 정도로, 이것은 하루에 물이 약 0.1~1 m 이동한다는 뜻이다. 일반적으로 '마사토'라고 불리는

데 학술명으로는 화강 풍화토로 여러 크기의 실트질이다. 굵기가 커지면 투수계수가 커지는 것은 물론이다. 미국이나 유럽은 이보다 투수계수가 커서 어느 곳에서나 쉽게 지하수를 얻을 수 있으나 우리나라는 특수한 지역에서만 지하수를 얻을 수 있다. 농업용수로 사용되는 지하수는 일반적으로 땅속의 빗물을 말하는데 가뭄이 오면 이것도 말라버린다. 그림 2.15에서 동물의 배설물이 지표면에 쌓이면 분해되는데 유기물질은 CO_2와 물로 변환되며 질소 성분은 암모니아로 변하고 다시 암모니아는 질산성 질소(NO_3N)로 남게 된다. 결국 얕은 우물에서 검출되는 것은 미생물 오염이거나 유기물질 잔재물, NO_3N이다. 깊은 우물에서도 NO_3N이 검출된다. 우물물에 철과 망간이 검출되는 경우도 많다. 처음에는 검출되다가 기간이 지나면 검출되지 않는 경우가 있는데 지하수 환경이 혐기 환경이기 때문이다. 혐기 환경에서 토양 내의 철과 망간이 용출되다가 우물이 설치되면서 산소가 소통되어 호기 환경이 조성됨에 따라 철과

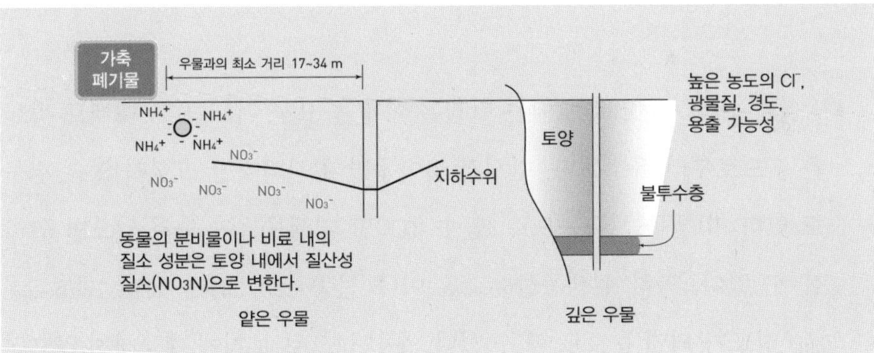

그림 2.15 지하수 오염 과정을 나타내는 개념도

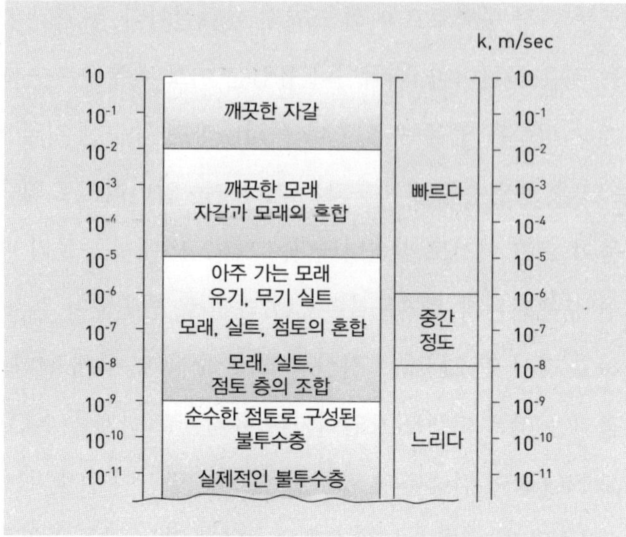

그림 2.16 토양의 투수계수

망간이 산화되어 용출이 정지되기 때문이다. 그림 2.16은 토양에 따르는 대략적인 투수계수이다.

- 탁질(turbidity): 눈으로 보이는 탁질은 아주 중요한 척도이다. 대체로 탁질은 흙으로부터 유발된다. 장시간 놓아두면 침전되지만 그렇지 않은 경우도 있다. 미생물들은 눈으로 볼 수 없지만 미생물들이 뭉쳐 있으면 쉽게 볼 수 있다. 특히 원생동물(protozoa)이나 선충(higher animal, rotifer, crustaceans, tifts) 정도가 되면 눈으로 볼 수 있다. 우선 눈으로 보기에 깨끗하지 않으면 먹지 말아야 한다.

• 색깔: 철이나 망간이 있으면 색깔이 나타난다. 또한 물이 낙엽이나 썩은 나무에 잠겨 있더라도 색깔이 나타난다. 약간의 색깔이 있는 것은 건강에 피해를 주는 것 같지는 않다. 팔당 물에도 일반인은 잘 모르겠지만 어느 정도 철과 망간이 있다. 낙엽 등에 의한 것을 부식물(humic substance)이라고 하였는데, 넓은 의미에서 우리가 녹차를 우려먹을 때 나오는 색깔과 유사하다. 대부분 독성은 없으나 어떤 식물은 사람에게 독성을 끼치는 것도 있다는 것을 기억하여야 할 것이다. 이러한 부식물은 미생물이 단기간 내에는 분해를 못하지만 장기적으로는 분해 가능하다. 따라서 이러한 물질이 수도관에 오래 머무는 경우에는 분해되어 냄새 등을 유발시키며 수도관을 부식시키는 결과를 초래할 수도 있다. 설악산 오색약수는 처음에는 색깔이 없으나 시간이 흐르면서 색깔을 띠는데 용해된 철이 산화되어 불용성 물질로 변하기 때문이다. 도시 상수도에서는 약품으로 이러한 색깔을 쉽게 제거한다.

• 맛과 냄새: 맛과 냄새가 있는 물은 본능적으로 마시는 것을 피하게 된다. 주로 수돗물에서 나는 염소 냄새는 병원균을 죽이기 위한 것이니 이를 피할 필요는 없지만 냄새가 싫으면 용기에 받아 놓아 냄새가 없어진 다음에 마시면 된다. 이 냄새는 병원균이 없다는 확실한 증거이다. 염소 소독은 정수장에서 수요지까지 급배수 과정에서 병원균을 확실하게 죽이며 성장하지 못하게 하기 위해서 행한다. 되도록 농도를 낮고 고르게 하여야 하는데 현실적으로 염소 주입 지점과 가까운 곳에서는 냄새가 심하고 먼 곳

에서는 소독 약 기운이 없을 수도 있다. 주입 지점을 다변화시키면 냄새를 최소화시킬 수 있다.

마그네슘(Mg), 흙, geosmin은 물에 맛과 냄새를 유발한다. 마그네슘은 쓴 맛을 나타내며 geosmin은 흙냄새를 유발한다. geosmin은 actinomycetes나 fungi(곰팡이)와 같은 미생물과 특정한 조류(algae: 식물성 플랑크톤)가 생산해 낸다. 냄새 자체는 건강상 문제가 없으나 이러한 물을 먹으면 꺼림직한 느낌을 갖게 된다. 2011~2012년 겨울에 한강 수계의 수돗물에서 흙냄새가 문제시되었는데 환경부 의견으로는 높아진 수온 때문이라고 한다. 한강 수계에 주로 서식하는 규조류(diatom)의 농도가 10~20 mg/m^3 chl_a(엽록소의 단위)인데 이는 낙동강이나 영산강보다 낮은 농도라고 한다. 규조류는 주로 4, 9월에 잘 자라고 흙냄새를 유발하는 남조류(blue green algae)는 4~6도에서 잘 자라는 것으로 보이는데 예년과는 달리 이 온도 구간에서 같은 기간 중에 유량이 적었기 때문이라고 한다(박혜경, 2012). 시궁창에서의 냄새는 암모니아와 유화수소가스에 의한 것인데, 이러한 냄새가 나면 병원균도 많은 상태를 말하므로 즉시 사용하지 말아야 한다.

- 침전물질: 물을 용기에 받아 놓았을 때 침전물이 생기면 일반적으로 석회라고 생각하는데 그러한 경우는 매우 드물다. 석회가 많은 물은 끓이면 침전물이 생기는 경우가 있는데 이것은 석회가 침전한 것이며 그대로 놓아두었을 때 침전되는 것은 정수장에서 탁질을 제거할 때에 사용한 약품(aluminum sulfate)이거나, 처리가 안 된 물인 경우에는 미세한 입자나 미생물

일 가능성이 높다. 수도관 내에서도 소독은 하지만 장기간 사용하게 되면 미생물이 성장한다. 이것은 주기적으로 청소를 하여야 해결되는데 실제로 청소를 하는 경우는 많지 않다. 미국에서는 방화용 급수전을 열어 물을 짧은 시간 내에 많이 배출하여 청소를 한다고 한다.

우리가 걱정하는 물은 눈에 보기에는 맑은 물이나 우리 몸에 해를 주는 것이다. 용해 상태의 은(Ag)은 독성이 매우 강하지만, 은 숟가락으로 식사를 하는 경우도 있다. 칼슘이나 마그네슘의 성인 기준 일일 섭취 허용량은 칼슘 1200 mg, 마그네슘 400 mg으로 매우 높다(WHO, 2009). 먹는 물에 칼슘이 300 mg/L, 마그네슘이 100 mg/L 있다고 가정해도 우리가 하루에 마시는 물의 양은 2리터에 불과하므로 섭취량은 각각 600 mg, 200 mg으로 그리 많지 않다. 이러한 물의 경도는 1000 mg/L가 넘는다. 일반적으로 우물물에서도 보기 어려운 높은 경도이다. 해양 심층수의 경우 1200 mg/L이다. 따라서 먹는 물로써 경도는 크게 걱정할 필요가 없다. 경도가 높은 물을 끓이면 침전물이 생기는데 이것이 온수 보일러(boiler) 등에 침전되어 열효율을 저하시키며 또한 세척 시에 비누 거품이 나지 않아 세척 효과를 저하시키는 원인이 된다.

(3) 중금속과 유기화학물질

WHO는 유해한 중금속의 허용 농도를 설정하고 있다. 단순한 독성 물질과 발암 물질로 구분하여 설정 농도를 정하였는데 독성 물질인 경우에는

10~1000배의 불확실성 계수를 적용하고 있다. 자료가 많은 경우에는 불확실성이 작아지고 반대로 자료가 작으면 불확실성 계수가 커진다. 발암 물질의 경우에는 허용 설정 농도가 일생 동안 (70년간) 매일 2리터의 물을 먹는 것을 기준으로 암에 걸릴 확률이 100만 분의 1 이하의 농도이다. 이러한 농도를 설정하기 위해서는 많은 자료가 필요한데 실제 자료가 없는 경우에는 쥐나 토끼를 이용하여 실험한 결과로 인체에 대한 위해 여부를 추정한다. 그런데 대부분이 같은 지역에서 또 같은 환경에서 장기간 사는 경우는 거의 없으므로 실제로 WHO 기준은 훨씬 안전한 농도를 택하고 있다고 보면 될 것이다.

유기화학물질은 대부분 발암 물질인데 주로 농약과 소독부산물(disinfection by-product, DBP)이다. 지표수에서 농약이 허용 농도 이상으로 측정되는 경우는 그리 많지 않다. 농약을 뿌려서 하류로 흘러나간다면 농약만 손해를 보는 셈이기 때문이다. 비가 와서 유출되는 경우에는 농약의 농도가 자연히 낮아진다. 이 때문인지는 모르지만 서울시 상류에는 많은 농지가 있으나 서울시의 수돗물에서는 농약이 허용 농도 이상으로 검출된 경우는 거의 없는 것으로 보인다. 아마 음식물로써 농약을 섭취하는 확률이 더 높을 것으로 생각된다. 따라서 공장 등에서 배출되는 유기화학물질에 주의를 하여야 할 것이다. 또한 농지에 주입되는 농약의 양도 가급적 줄이려고 노력해야 할 것이다. 요즘 생산되는 농약은 시간이 지나면 자연히 분해되는 것으로 알려지고 있다. 과거 우리나라에서 많이 사용되었던 DDT는 이제는 구하기도 어렵다(참고로 후진국에서는 아직도 사용하는 나라가 있다고 하는데 확인이 필요하다).

최근에 중요하게 여기는 중금속은 비소(As)와 납(Pb)이다. 비소의 허용 농도는 0.01 mg/L(캄보디아는 0.05 mg/L)로 매우 낮은데 이 문제가 심각하게 대두된 것은 20여 년 전이다. 히말라야 하류인 갠지스 강이나 메콩 강의 삼각지에서도 우물에서 검출되고 있는데 캄보디아에서는 큰 피해는 없는 것으로 보인다. 납은 수도관의 이음부분에 이용되었는데 조금씩 용해되어 문제를 일으키는 것으로 드러나 대체되고 있다. 망간의 농도도 0.3 mg/L로 색깔 때문에 철분과 같이 규제 대상이었는데 기준 농도가 0.1 mg/L 정도로 낮아졌다. 그 이유는 수도관에 검은 침전물이 생기며 맛을 유발한다는 것 때문이다(WHO, 2011).

저농도 물질이 사람에게 어떤 영향을 미치는지는 사실상 과학으로도 모든 해답을 얻지 못하고 있는 것이 현실이다. 분석장비의 발달로 미량의 농도까지도 분석할 수 있게 되었지만 저농도 물질의 상호관계를 명확히 규명하는 것은 아직도 어려운 일이다. 더욱이 우리는 미네랄로써 광물질이 필요한데 물로부터 모든 물질을 제거시킨다면 필요한 미네랄을 어디서 보충할 것인지도 의문이다. 음식에서 필요한 것을 얻을 수 있겠지만 과연 모든 음식이 깨끗한지를 보장할 수 있을까 하는 걱정도 앞선다. 우리가 먹는 물고기나 소고기, 돼지고기가 어떠한 곳에서 가져온 것인지를 알기는 더욱 어렵기 때문이며 우리는 양식보다는 자연산을 좋아하는데 이 경우에는 먹이를 어디에서 먹었는지 알기가 더 어렵기 때문이다. 허용 농도 이하이면 안전하다고 믿는 것이 편하게 사는 방법이 아닐까 하는 생각도 든다.

미국은 하수슬러지를 농경지에 적극적으로 이용하는데 20여 년간의 연구결과를 통해 1993년 발효된 'sludge rule'을 기준으로 하여 이용하기 때문이다(US EPA, 1993). 이 기준에 의하면 1969년 일본의 광산 지역에서 생산된 쌀을 먹고 Cd병에 걸려 뼈가 뒤틀리는 경험을 한 사람들이 있는데 그 이유는 쌀을 백미로 만드는 과정에서 Zn, Ca, Fe이 껍질로 빠져나가 섭취된 Cd이 그대로 체내에 남았기 때문이라고 주장한다. 당시 피해를 입은 주민들은 1930~1940년의 기간에 과도하게 많은 Cd을 섭취한 것이 문제였지만 Ca, Zn, Fe 농도가 높은 음식을 섭취하였다면 Cd과 결합되어 외부로 배출되었을 것이라고 추정하고 있다. 적은 육식 섭취도 문제였다는 주장도 있다. 이러한 연구결과로 볼 때에 우리가 중금속이 함유된 음식을 먹더라도 섬유질이 많은 채소를 함께 먹으면 중금속이 배설물과 함께 외부로 배출되어 안전하다고 볼 수 있다. 사실상 흙 속에는 각종 중금속(좋게 이야기하면 미네랄) 이 존재하며 작물은 이를 이용하여 성장하여 사람에게 영양분을 공급한다.

신토불이(身土不二)라는 말처럼 우리나라에서 맛있게 먹던 채소도 다른 나라에서 기르면 같은 맛이 나지 않는 경우도 있다. 식물은 부위에 따라 중금속 함유 농도가 다르다. 또한 식물의 종류에 따라 중금속 흡수 정도도 다르다. 우리는 이것을 자연적인 방어벽(natural barrier)이라고 한다. 그 이유는 잘 모르겠지만 사람이 먹기에 좋게 만든 섭리로 보인다. 어떤 식물은 좋게 보여도 사람에게 독성을 유발하기도 하고 어떤 동물에게는 해가 없는 경우도 있다. 그림 2.17은 콩, 토마토, 당근, 오이, 참외, 옥수수에 있어서의 Cd의 축적 상태를 나타내고 있는데 옥수수의 경우에는 열매에는 거의 Cd이 축적되지 않는 것을 볼 수 있다. 당근의 경우에는 잎이나 열매의 농도에 큰 차이가 없다. Cd의 경우를 제외하고 다른 중금속의 경우에는 사람에게 해를 줄 정도의 농도가 되면 식물 자체가 먼저 죽게 되지만 Cd의 경우에는 식물에는 해가 없으나 사람에게는 해가 된다는 점에 유의하여야 할 것이다(최의소, 1985).

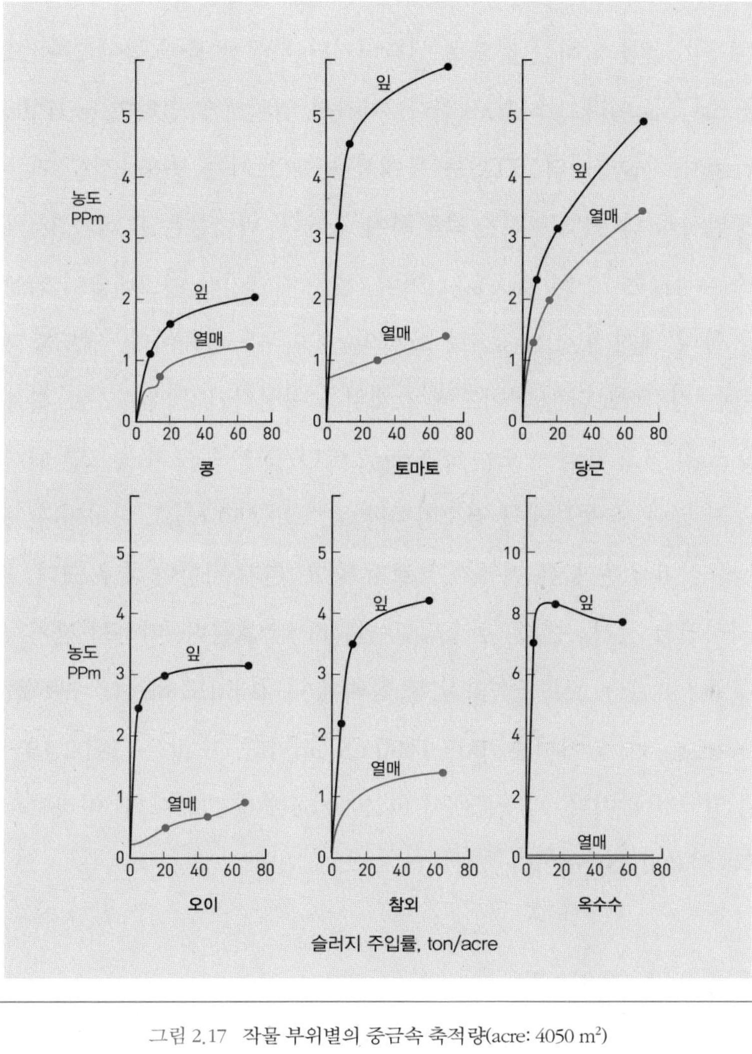

그림 2.17 작물 부위별의 중금속 축적량(acre: 4050 m^2)

(4) 염분 농도

염분 농도라고 하면 일반적으로 소금 농도를 말하는데 소금이라고 하면 우리가 먹는 소금을 말하는 것으로 생각되지만 사실상 물에 녹아 있는 모든 불순물을 소금(salt)이라고 하기도 한다. 따라서 엄밀하게 말하면 total dissolved solid(TDS)가 학술명이다. TDS는 물에서 눈에 보이는 부유물질을 거른 후에 물을 증발시켜 남는 모든 것을 측정하여 구한다. 바닷물은 TDS가 3.4%나 되고 염소(chloride)는 1.9%(19000 mg/L)이다. 물론 칼슘이나 마그네슘이 염분에 포함되나 물의 세기(경도, hardness)로 표시되는 경우가 상례이다. 경도를 제한하는 이유는 건강상보다는 파이프에 스케일을 형성시키기 때문으로, 허용 농도는 300 mg/L이고 제한 농도는 500 mg/L이다. 염분 농도가 높으면 설사를 하는 경우가 많다. 수돗물에서 염소의 허용 한도는 250 mg/L 이하이다. 불순물이나 광물질이 없는 물은 전류가 흐르지 않고, 전기 저항이 매우 크다. 불순물이 증가하면서 전기 저항은 감소되고 전류가 잘 흐른다. 따라서 전기 전도도(electrical conductivity : EC)로 물속의 염분 상태를 나타내기도 하는데 수돗물(먹는 물을 포함한 생활용수)에 있어서는 700～1400 uS/cm이다. 이 값은 그림 2.18의 관계식에서 얻어진 값이다. 바닷물에서 EC의 0.64배가 TDS이다. 따라서 바닷물의 EC는 53000 uS/cm이다.

$$TDS = (0.55 \sim 0.9) \times EC$$

여기서 EC (Electrical conductivity), uS/cm @20C

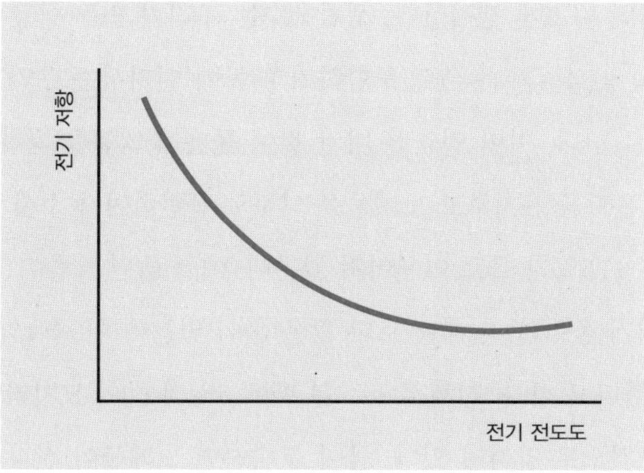

그림 2.18　전기 전도도와 전기 저항과의 관계

현대인은 각종 성인병에 시달리는 것으로 보인다. 고혈압이 대표적인데, 일상에서 음식을 짜게 먹지 않는 것이 중요하다. 많은 사람들이 물의 염분 농도에 관심이 많은데, 그렇다고 소금이 전혀 없는 증류수를 먹기를 원하지는 않는다. 맛도 없거니와 물을 통해서 우리 몸에 필요한 미네랄과 전해질도 보충해야 하기 때문이다. 우리나라 사람들은 음식을 짜게 먹기 때문에 모든 미네랄을 섭취하는 것처럼 생각되지만 칼슘이 부족하다는 보고가 있다(질병관리본부, 주간 건강과 질병, 2,1 -2009년 1월 4일).

우리 몸이 필요로 하는 미네랄과 전해질

우리 몸에 필요한 미네랄 등을 표 1.3에서 무기물로 부르지만 사실상 같은 물질을 다르게 부르고 있어 헷갈린다. 미네랄이라고 하면 좋은 물질로 생각되나 중금속 하면 나쁘게 생각한다. 생활용수는 우리가 먹는 물뿐만 아니라 다른 물(예를 들어 청소수나 세탁용수)도 포함하기 때문에 여기서는 우리가 먹는 물만 생각해 보기로 한다. 이미 언급한 바와 같이 물은 영양분을 용해시키며 운반시키고 몸의 온도를 유지하고 노폐물을 외부로 운반하여 청소시킨다. 우리 몸무게의 약 65~75%가 물로 이루어져 있는데, 예를 들면 체중이 70 kg인 경우에 약 52리터가 물이다. 뇌에는 보다 많은 물이 있는데 이 중 1%만 모자라도 문제가 발생한다고 한다. 전체적으로 볼 때에 5%의 물이 모자라면 탈수 현상이 발생하는 것으로 알려져 있다. 물이 부족하면 노폐물이 신장과 간에 축적되며 피가 끈끈해진다. 물은 세포 내에 66%, 세포들 사이에 26%, 혈액에 8% 존재한다. 한의학에서는 몸속의 물 함량이 감소하는 것이 노화의 한 과정이라고 하며, 따라서 몸속의 물이 연령에 따라 다르다고 한다.

우리 몸은 100조 개의 세포로 구성되어 있으며 그림 2.19에서 보는 바와 같이 몸의 구성 성분 중 물 이외에 가장 많은 부분이 단백질과 지방이다. 체액의 광물질 조성 성분은 부위에 따라 크게 다르며 나트륨, 칼륨, 칼슘, 마그네슘과 같은 양이온과 Cl^-, HCO_3^-, HPO_4^{-2}, SO_4^{-2}, 단백질이 음이온을 이룬다. 이러한 광물질들과 유기물질은 물이나 음식으로부터 공급받아야 하는데 그 양은 약 3그램이다. 세포는 물이 충분히 차 있어야 (물 + Na^+ + K^+)의 수력전지 역할을 하게 되며 역삼투로 에너지가 생산된다. 물이 부족하면 음식물에 의한 에너지에 의존하게 되므로 부족한 에너지의 확보를 위해서 지방이 축적된다. 물을 마시면 1분 이내에 뇌에 전달되며 하루에 약 10톤의 물이 몸속을 순환한다고 한다. 췌장은 물속의 K 함량에 따라 세포 내의 물을 조절한다고 한다. 위

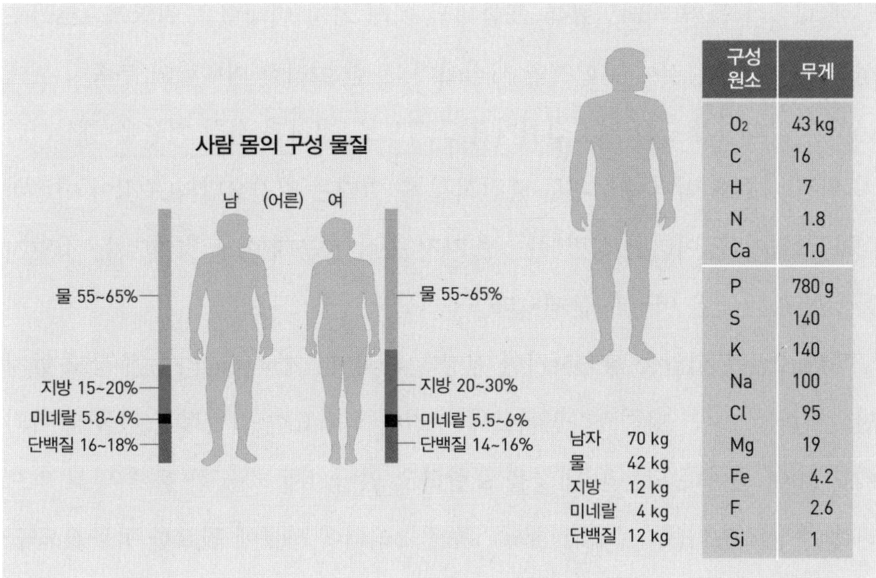

그림 2.19 사람의 몸의 구성 물질

액은 췌장에서 생산된 중탄산염에 의해 중화되어 장으로 음식물을 내려 가게 한다.

소금 문제

나이가 들면(65세 이상) 석회화가 심화되어 뇌가 돌처럼 되고 눈에는 백내장이 오며 귀는 광물질의 침전으로 잘 안 들리게 된다고 한다. 또한 결석증이 많아진다고 한다. 따라서 광물질이 포함된 물은 인체에 해로울 수 있다. 이 때문에 바닷물은 마시지 말고 해초는 많이 먹으라고 하는 주장이 있다(브레그, 1990). 반면에 나이가 들면 비타민류를 포함해서 여러 가지 미네랄을 인위적으로라도 섭취해야 한다는 것이 보편적인 사실이다. 또한 이러한 미네랄의 부족이 위액 분비를 약화시켜 광물질의 섭취가 감소되므로, 저하된 섭취 기능을 향상시키기 위해 식초를 먹어서 섭취를 증진시킬 수 있다는 민간요법의 주장이 이른바 식초 요법이다. 이러한 상반되는 두 가지 주장 가운데 어느 것이 맞는 것인지를 분별하는 것은 어려운 문제이다.

특히 소금은 혈압을 상승시키며 건강의 파괴자(브레그, 1990)라는 주장도 있지만 천일염은 천연 항히스타민제로써 우리에게 필요한 일반적인 광물질 이외에도 80여 종이나 되는 미네랄을 포함하고 있어 이를 깨끗한 물에 넣어 먹으라는 주장도 있다(Batmanghelidj, 2003). 즉 물 2리터에 하루에 필요한 광물질 공급을 위해 3그램의 소금을 녹여서 마시라는 것이다. 이것은 약 1500 mg/L의 농도로 바닷물(34000 mg/L)을 약 20배 희석한 것과 유사하여 맛을 느낄 수 있다(개인적으로는 게토레이와 같은 맛이라고 생각된다). 우리는 소금을 과다 섭취하는 한편 칼슘 섭취는 부족한 것으로 알려지고 있다(질병관리본부, 주간 건강과 질병 2,1 -2009년 1월 4일 발행). 만약 소금을 먹지 않는다면 음식의 맛이 없으며 인체에 필요한 전해질이 부족하여 신체의 기능이 원활하지 못하게 될 것으로 보인다.

나트륨의 하루 권장량은 2그램(소금으로는 5그램)이나 우리나라 사람들은 약 5그램(소금으로는 13그램)을 섭취한다고 한다. 실제로 소금 3그램을 물 2리터에 녹여 먹는 경우에 있어서의 나트륨 양은 1.2그램에 불과하여 1일 섭취량보다 작다. 우리는 음식을 통해 소금을 먹을 때가 많기 때문에 이 만큼의 소금을 물로 섭취해도 괜찮은지는 점검해 볼 필요가 있다. 즉 우리는 간장, 된장, 김치

등과 같은 장독 문화와 친근하여 이러한 음식을 통해 소금을 섭취할 수 있기 때문이다. 참고로 간장 5 g은 소금 1 g과 같고 된장과 고추장 10 g은 소금 1 g과 같다고 한다. 나트륨을 적게 섭취하는 방법으로 천일염을 추천하고 있는데 정제 소금에 비해 나트륨 함량이 약 10% 가량 낮게 포함되어 있기 때문이다. 즉 천일염에는 많은 미네랄이 함유되어 있어 천일염을 섭취하면 나트륨을 덜 섭취하면서도 미네랄을 함께 섭취하므로 좋다고 생각된다. 실제적으로 천일염의 가치는 매우 높다. 참고로 우리나라는 천일염이 광물질로 분류되어 1000~2000원/kg에 불과하지만 프랑스의 게랑드 소금은 kg당 6~9만 원에 해당한다(정운천, 2009). 이는 소금의 가치를 나타내는 가격으로 볼 수 있다.

대체적으로 소금 중의 염소를 기준으로 우리가 얼마나 소금을 먹고 있는지를 측정한 것이 그림 2.20이다. 대략 우리는 13그램의 소금(염소로는 8 g)을 섭취하여 음식폐기물과 배설물로 7 g, 땀 등으로 1 g을 배출하는 것으로 보인다. 염소는 몸에 축적되지 않고 전량 배설된다는 가정을 토대로 한 것이다. (참고로 최근의 음식폐기물의 염분 농도가 과거보다 낮아지고 있다는 이야기도 있다. 즉 소금을 덜 먹는다는 좋은 소식이다). 만약 천일염 3 g을 물에 녹여 먹는다고 하더라도 Na양은 1그램 정도이다.

우리나라의 음식폐기물은 1인당 하루에 약 0.27 L이다. 또한 분뇨배출량은 약 1 L이다. 이 중 대부분이 오줌이다. 오줌의 염소 농도는 5000~8000 mg/L 가량이며 분의 염소 농도는 낮은 편이다. 분과 요가 혼합된 상태의 농도는 대략 5000 mg/L이다. 땀으로 1그램이 배출된다고 하면 염소 섭취량은 약 8그램이다. 염소는 축적되지 않는다고 가정하였다. 분에는 병원성 바이러스를 비롯

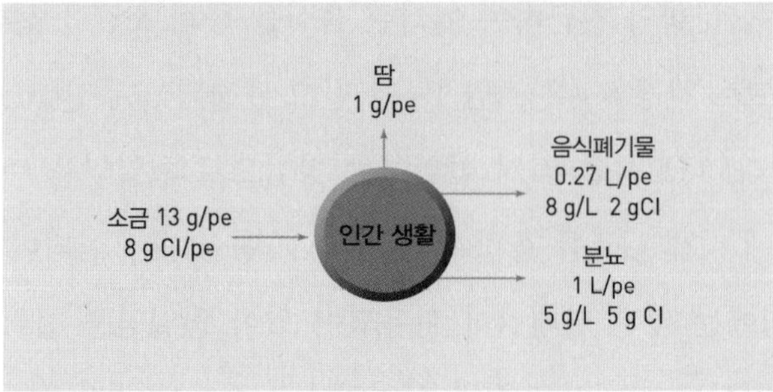

그림 2.20 인체 내에서의 소금의 이동(평균 1인 1일 기준)

해 병원균이 많으나 요에는 병균이 거의 없으며 따라서 이를 치료용으로 마시는 사람도 있다. 요에는 질소가 매우 높아 양질의 질소 비료로 사용되기도 한다. 특히 요 자체는 pH가 높아 병균이 서식하기 어려우므로 희석하여 사용하는 것을 권장하고 있다. 물로 희석하여 두면 병균이 서식하기 때문이다. 참고로 염소 8 g은 소금 13 g이므로 우리가 필요한 소금의 양인 3 g의 4.3배를 먹고 있는 셈이다. 그림 2.20에서 pe(population equivalent)는 인구 당량으로 한 사람을 기준으로 할 때의 양을 말한다. Capita(c)는 1인당이라는 뜻과 같다.

그림 2.21은 바닷물과 사람 몸의 체액의 전해질 조성을 나타내는데, 우리 몸에 Na, K, Ca, Mg, HCO_3, Cl, PO_4, SO_4 등이 필요한 성분으로 나타나고 있다. 이것은 흥미롭게도 바닷물의 성분과 매우 유사하다. 그림에서 모든 농도는 me/L(milli-equivalent/L)로 비교되고 있다. 이러한 이유로 몸이 매우 허약할 때에 식염수를 주사액으로 공급하는 것으로 보인다. Na^+, K^+, Cl^-는 우리 몸의 중요한 전해질이다.

우물물의 일반적인 특성

지표수는 빗물이 대부분이다. 빗물이 강을 이루고 또 그 물이 모여 호수를 이룬다. 이러한 물을 수원으로 하는 경우가 대부분이지만 이런 물이 여의치 못하면 지하수를 수원으로 하여 물을 사용한다. 지하수에는 두 종류의 물이 있는데 지면으로 빗물이 들어가서 만든 물과 불투수층인 암반 아래에 있는 물이다. 앞의 것을 얕은 우물물이라고 하고, 뒤의 것을 깊은 우물물이라고 한다. 지면과 가까운 물은 지표면의 영향을 받기 때문에 지표면이 더러우면 물도 더럽게 된다. 따라서 얕은 우물물은 오염된 경우가 많다. 반면에 깊은 우물물은 지표면에 대한 영향이 없다. 깊이가 깊어질수록 오염 정도는 낮아지나 NO_3N 농도는 높아진다. 더러운 물속의 질소가 산화되어 깊은 땅속까지 내려오기 때문이다. 땅속으로 내려오면서 미생물도 걸러지고 오염물질도 감소된다. 암반 아래의 깊은 물은 대체로 염분 농도가 높은데 물이 오랫동안 머무는 과정에서 흙이나 바위 속의 용해 가능한 물질이 녹은 결과이다. 화강암인 바위는 거의 녹는 것이 없으나 수성암의 경우에는 석회 등의 함량이 증가한다. 아울러 깊은 우물일수록 중금속 함량이 높을 수 있으므로 물이 깨끗하게 보일지라도 수질을 분석한 후에 안전하게 사용하여야 한다. 깊은 우물물의 특징은 SiO_2(규산염)가 함유되어 있다는 것이다.

우리나라의 얕은 우물에서는 경수가 거의 없으나 NO_3N(질산성 질소) 농도는 비교적 높은 편인데 농도 자체(허용 농도 10 mg/L as N)도 문제이지만 병원균의 오염 가능성도 시사해 주기 때문에 주의가 필요하다. 질소는 유기성과 무기성으로 구분되는데 유기성 질소는 쉽게 암모니아성 질소로 가수 분해되며 암모니

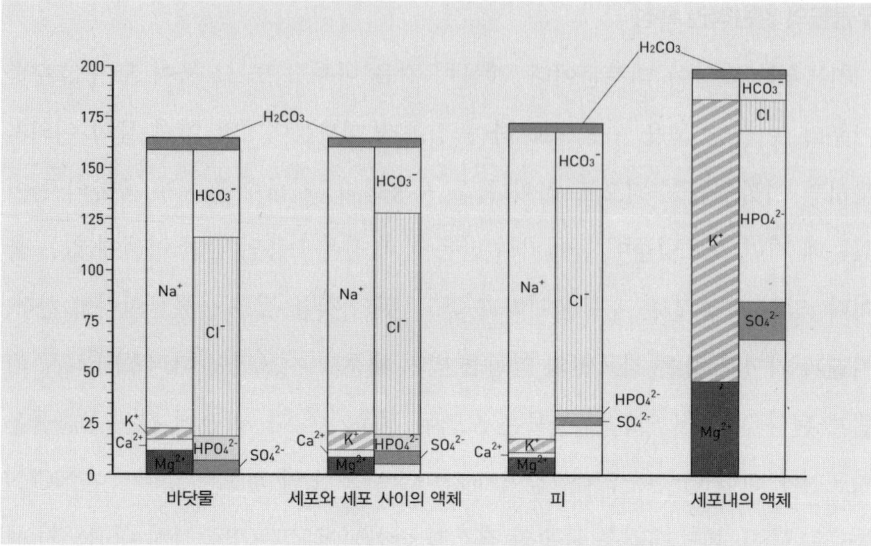

그림 2.21 체액과 바닷물의 유사성

그림에서 맨 왼쪽이 바닷물이며 다음 그림이 interstitial fluid(세포를 둘러싸고 있는 액체) 그리고 우리 몸속의 피, cell fluid(세포 내의 액체)이다. 바닷물에 많은 Na와 Cl이 우리 몸속에도 많은 것을 알 수 있다.

아성 질소(NH_4N)는 다시 산화되어 NOxN이 된다. 질소는 비료로 농경지에 주입되기도 하나 동물의 분비물에도 많은 양이 포함되어 있다. 사람의 분뇨 내의 질소 농도는 약 5000 mg/L이나 된다. 특히 유기농법으로 동물의 분비물을 이용한 퇴비를 필요 이상 사용하게 되면 지하수를 오염시킬 뿐만 아니라 생산되는 식품에도 NO_3N이 축적될 가능성이 높다. 특히 식물의 잎과 뿌리에 축적되므로 채소류에 축적될 가능성이 크다고 볼 수 있다. 오이, 호박, 감자 등의 껍질에 노란 점이 많으면 과잉 축적을 의심할 수 있다. 질산염이 축적된 채소는 아무리 잘 보관해도 금세 물러진다. 질산염에 의하여 작물이 과다 성장하기 때문이다. 견과류, 토마토, 고추, 콩, 감자, 오이, 곡물과 같은 열매에는 축적이 매우 적다고 볼 수 있다.

채소류뿐만 아니라 육류나 생선에도 질산염이 있을 수 있는데 이는 상품의 외관과 맛의 보존을 위하여 첨가하였기 때문이다. 질산염의 하루 일인당 섭취 허용량은 220 mg인데 이 중 80%가 채소 섭취에 기인한다. 특히 우리나라 국민은 채소 섭취량이 많기 때문에 이 허용량을 쉽게 넘을 것이다. 유기농이라도 적당량의 퇴비를 사용해야 하며, 퇴비를 너무 많이 사용하면 건강한 식품이라고 할 수 없다. 특히 NO_2N(아질산염)은 피 속의 산소 농도를 저하시키는 역할을 하며, 발암성 물질로 알려지고 있어 특히 주의를 하여야 한다. NO_2N은 산소가 부족한 상태에서 질산염이 환원되는 과정에 형성되므로 채소나 육류를 장기간 보관하면 검출될 확률이 증가한다고 볼 수 있다. NO_2N의 허용 농도는 음료수에서 1 mg/L로 질산염의 허용 농도의 1/10 수준으로 위험도가 큼을 알 수 있다.

Bottled water

병에 넣어 판매되고 있는 물의 시장 규모가 점점 커지고 있다. Bottled water를 living water(생수)라고도 부르는데 성경에서의 living water와는 전혀 다르다. Bottled water의 기준은 화학적인 소독이 필요하지 않은 물로 정부에서 정한 수질 기준을 맞춘 물을 의미한다. 대체로 음료수 수질 기준과 유사하나 허용 농도가 보통 상수도 기준보다 낮다. Bottled water를 4종류로 구분하여 설명하면 지하수를 사용한 물(광천수), 수돗물을 병에 넣은 병입 수돗물, 해양심층수(deep ocean water), 증류수이다.

대부분이 지하수를 사용한 물인데 그 종류가 매우 많다. 대체로 빗물 또는 지표수와 수질이 유사하나 애비앙(Avian)은 그 성상이 해양 심층수와 유사하다. 이러한 물들의 성상을 대략적으로 비교한 것이 표 2.8이다. 수돗물을 재처리한 생수가 펩시콜라의 AQUAFINIA, 코카콜라의 DASANI, 네슬레의 La Vie,

에콰도르에서는 Manatial, 우리나라에서는 석수 등이다.

우리나라 생수 시장 규모는 2007년 2851억 원으로, 판매되는 양으로 볼 때에 삼다수 26.1%, 석수 퓨리스 12.9%, 해태 秀 10.3%(마시는 산소), 이이시스 9%, 동원 샘물 8.2%, 순수(코카콜라) 5.2% 순으로 나타나고 있다(2009년 시장 규모는 4400억 원- 환경 미디어 2010.3. 102쪽). 2015년 4.20일자 문화일보에 의하면 시장 규모가 6000억 원이라고 한다. 지난 5년간 약 30%가 증가한 수치이다.

해양 심층수는 200 m 이상의 깊은 바다에서 끌어올린 물이며 에비앙은 알프스의 만년설이 녹은 물로, 15년간 빙하 퇴적층을 통과해 여과된 물이라고 한다. 화산 암반수에서 뽑아 올린 물이라는 일본의 '닥타바나'는 후지산에서 뽑아 올린 물로 바나듐이 많다고 한다. 톡 쏘는 맛을 내는 탄산수는 유럽에서 많이 볼 수 있는데 물에 이산화 탄소 가스를 주입한 것이다. 광천수는 미네랄 물을 뜻한다. 광천수와 달리 자화수(磁化水)라는 것도 있는데, 이는 강력한 자장

• 표 2.8 bottled water의 수질 비교 •

성분 (mg/L)	먹는 샘물	에비앙	해양심층수	병입 수돗물	바닷물 20x
Ca	5~49.6	80	1~40.1	12~25	20
Na	0.3~30.9	7.0	4~12	3.9~12.5	528
K	0~3.4	1.0	0.2~8	1~5	19
Mg	0.1~7	26	15~26	2~6	63.6
Hardness		307*	110~120	75*	310

* Computed

속에 물을 통과시킨 것이다. 자화수를 추천하는 사람들은 물의 분자 구조가 이온 활성화되어 인체에 유익하다고 주장한다. 육각수는 화학적 고리가 육각형을 이루는 물을 말한다. "물은 알고 있다"의 저자(마사루 에모토, 2008)는 6각의 모양이 선명할수록 좋은 물이라고 말한다. 하지만 이미 언급한 바와 같이 좋은 물이 어떠한 물이냐고 할 때에 그 정의는 쉽지 않다. WHO에 안전한 물에 대한 수질 기준이 정의되어 있지만 좋은 물은 정의되어 있지 않기 때문이다. 단지 (1)중금속 및 병원균이 없는 물, (2)물의 오염도가 작은 물, (3)미네랄이 풍부하고 (4)항산화성이 있는 물, (5) 6각 구조를 갖는 물을 좋은 물이라고 본다.

수입 생수

최근 5년간 생수 수입 금액을 살펴보면, 2004년 216만 5000달러에서 2009년 662만 9000달러로 3.1배 증가하였다. 수입량으로 볼 때에는 4075톤에서 8515톤으로 증가하였다. 프랑스산이 전체의 76%(500만 달러)로 가장 크며, 스페인산 42만 달러, 이탈리아 26만 4000달러, 미국산 19만 3000달러, 캐나다 18만 7000달러, 일본산 14만 4000달러, 노르웨이 11만 8000달러의 순이다. 같은 기간 중에 수입국은 17개국에서 26개국으로 증가하였으며 중국산이 점차 늘어나고 있다. 유럽산은 리터당 0.78달러인데 비해 중국산은 0.22달러로 다른 수입 생수 가격의 약 1/3 수준이다. 해양 심층수 가격이 가장 비싸다. 2003년 세계 시장 840억 달러(1700억 5000리터)(0.5달러/L)이었으며 생수 시장과 아울러 가정용 정수기 시장도 증가하는 것으로 보이는데 2005년 그 시장 규모가 1조 원이었다고 한다.

수돗물을 재처리하여 판매되는 bottled water는 2007년도 기준으로 미국 Pepsi AQUAFINIA가 21.7억 달러의 판매로 미국 시장의 14.8%를 차지하고 있으며 코카콜라 DASANI는 18.9억 달러로 12.6%를 점유하고 있다고 한다. 에콰도르의 Manantial은 수돗물을 오존 처리한 후에 마이크로필터 막으로 거른 물이다. 우리나라의 경우에는 서울 아리수, 수공 K-water, 부산 순수, 대전, 인천, 대구, 광주에서 생수를 생산하고 있는데 이 물들은 미국과 같이 수돗물을 재처리한 것이 아니고 일반적으로 사용되는 정수 과정을 거친 물로부터 염소 소독 냄새를 빼기 위해 활성탄 처리를 한 것이다. 일본도 마찬가지의 방법을 사용하고 있는데 어느 도시에서는 고급화를 위해 알루미늄 캔을 사용하기도 한다. 플라스틱 병에서 흘러나올 수 있는 발암 물질(No.7 플라스틱으로부터 환경호르몬 물질인 비스테놀)을 염두에 둔 것으로 보인다. 우리나라 환경부(2005)에 의하면 DEHP 농도는 0~3.19 ug/L, DEHA는 ~1.33 ug/L로 허용 농도 8 ug/L과 400 ug/L에 비해 매우 낮다고 한다. 플라스틱 병으로부터 유출되는 알데하이드의 농도는 1일 섭취 허용량 9.2~19.2 mg/L에 비해 매우 낮은 0.105 mg/L인데 저장 기간이 길고 온도가 높으면 증가한다고 한다(이연희 등, 2012).

아리수를 판매하는 경우에는 그 시장 규모가 약 1000억 원으로 추정되고 있다(김상문, 류문현 2009). 이렇게 생수에 대해 거부감이 없는 것은 그동안 시민들이 기피하였던 소독약 냄새 등이 없어졌기 때문인 것으로 보인다. 서울시는 1989년에 29개 항목에 불과하였던 수질 검사 항목을 현재의 수질 기준인 57개 항목 외에 별도로 98개 항목을 추가해 WHO가 권장하는 총 155개 항목과 미량 유해물질 98개 등 총 253개 항목에 대한 검사를 실시하고 있어 수질에 대한 신뢰성을 높인 이유도 있을 것으로 보인다. 또한 급배수관의 95%를 교체한 것도 효과가 있었던 것으로 보인다. 하지만 bottled water의 공급은 운반 과정에서 많은 에너지가 소모되어 저탄소 정책과 맞지 않는 문제가 있다. 앞으로 급배수시설 교체가 완료되고 염소를 배수지에서 분산 주입하게 되면 이러한 bottled water보다는 직접 수돗물을 이용하는 인구가 증가할 것으로 보인다. 우리나라에서는 아리수와 같이 수돗물을 그대로 병에 넣어 판매하는 것이 금지되어 있어 비판매용으로 공공기관이나 회의장에 공급되고 있다.

광천수 수질과 암석과의 관계

우리나라를 비롯해서 외국에서 시판되고 있는 bottled water의 수질자료를 비교한 것이 앞에 제시한 표 2.8이다. 애비앙은 샘물이지만 성상이 독특하기 때문에 별도로 구분하였으며 아울러 심층해수도 별도로 구분하였다. 병입 수돗물은 서울시의 아리수를 대표적으로 택하여 비교하였다. 물의 성상에 있어서 우리나라나 동양권에서는 주로 양이온의 함량을 나타내고 있는 반면에 프랑스에 영향을 받는 아랍에미리트연합 등의 지역에서는 음이온도 성상에 포함시키고 있어 물의 성질을 더 잘 나타내 주고 있다. 국제적인 대기업인 코카콜라, 펩시, 네슬레 등에서 판매하는 물에는 거의 수질이 표시되어 있지 않은데 그 이유는 이러한 물들은 주로 후진국에서 판매되는 것을 구입하였기 때문에 그 나라의 규정상 이러한 수질을 나타낼 필요가 없기 때문인지도 모른다(예, 스리랑카, 방글라데시, 베트남, 인도네시아).

표 2.9에서 보면 에비앙은 칼슘과 마그네슘 농도에서 다른 물보다 높게 나

타나고 있는 것이 특징이며 다른 농도는 거의 유사하다. 특히 유럽산 먹는 샘물들의 칼슘, 마그네슘 등의 함량이 높고 나트륨 함량이 높은 경우도 많아 광물질이 적은 물을 마셔야 한다는 주장에는 의구심이 생긴다. 신장에 문제가 있는 경우에는 거의 염분이 없는 물을 마셔야 하는 데에는 이의가 있을 수 없지만 건강한 신장의 경우에는 염분 농도가 높더라도 필요 없는 염분은 걸러서 소변으로 배출되기 때문에 별 문제가 없다고 본다. 소변의 색깔은 대체로 노란색을 띄는데 가능한 이러한 노란색이 보이지 않을 정도로 물을 충분히 섭취하라는 것이 건강관리의 한 지침으로 알려지고 있다.

지하수의 수질은 암석의 종류에 따라 크게 다른데, 우리나라의 토양은 이미

• 표 2.9 유럽산 bottled water의 수질 •

성분	Ca	Mg	K	Na	HCO_3	SO_4
Vittel Hepar	555	110	4	21	403	1180
Conhexeville	451	66	3	8	386	1058
Badcit	272	102	0	180	100	미량
Vittel Ground	202	36	6	3	402	306
Source	140	6	1	14		51
Perner	90	9	71	1285	3245	129
Vichy Celestina	78	24	1	5	357	10
Evian Cachat	78	9	115	1744	4263	182
Vovic	10	6	5	8	64	7
Mont-Rooccus	0.46	0.28	0.4	3	7.3	미량
바닷물 20배 희석	20	64	19	528	7.1	129

(자료: 수자원 환경 39)

유럽산 광천수의 물에는 한국산보다 미네랄 농도가 높다. 특히 천연소금으로 바닷물을 20배 희석한 농도는 유럽산과 비교할 때에 높지 않다. Na가 바닷물에 많으나 광천수에서도 높은 것을 알 수 있기 때문이다.

언급한 화강 풍화토로써 암석이 거의 물에 용해되지 않는 특성을 가지고 있어 빗물과 그 성질이 큰 차이가 없다. 또한 지표면에 있는 흙은 입자가 작아 지하수의 침투를 저지하고 있어 풍부한 지하수가 있는 지역이 매우 드물다. 제주도는 현무암층이 많은데 이는 용암 내의 가스가 빠져나가며 만든 구멍이 많은 암석으로, 비가 오면 고이지 않고 그대로 지하로 내려가는 것이 특징이다. 반면에 화강암은 용암이 서서히 식으며 형성된 암석으로 알맹이가 크고 밝은 회색에 검은 점이 있다. 이러한 암석들은 경도가 낮고 SiO_2 함량이 높으며 대체로 수질이 양호하다. 반면에 상류에서 흘러온 퇴적층은 칼슘, 마그네슘 함량이 높다. 우리나라의 성산, 황수, 가창약수에는 철, Al, SO_4의 함량이 높고, 일반적으로 칼슘, 나트륨과 칼륨은 높으나 마그네슘 함량은 낮다.

이상 많은 자료들을 검토하였는데 그 결과 몸에 필요한 물과 생활에 필요한 물 사이에 차이가 있음을 알 수 있었다. 생활용수에서는 칼슘과 마그네슘이 문제시되나 먹는 물에서는 문제가 되지 않는다. 그러나 가격이 비싼 단점이 있다. 참고로 우리나라의 먹는 샘물 중에는 불소 농도가 높은 것이 있는데 그 허용 농도는 1~2 mg/L이다.

그림 2.22는 깊은 우물에 염분 농도(total dissolved solid: TDS)가 클 수 있다는 것을 보여 준다. 깊은 우물이 항상 좋은 것만은 아니라는 것이다. 중금속도 있을 수 있으므로 꼭 분석을 한 후에 사용하는 것이 바람직하다. 이울러 저수지 물이라도 유입되기만 하고 유출되지 않는 경우에는 증발에 의해 염분이 농축되기도 한다. 허용 농도가 500 mg/L 정도라는 것을 감안하면 오히려 얕은 우물이 더 좋을 수도 있다. 얕은 우물물은 쉽게 처리할 수 있지만 염분 농도가 높은

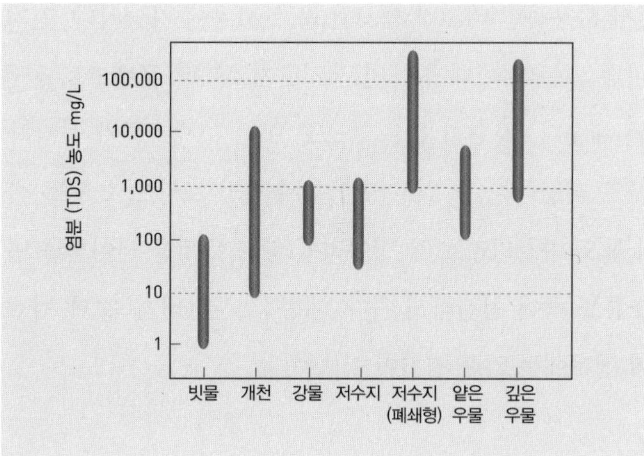

그림 2.22 지하수 깊이에 따르는 염분 농도의 변화
(http://www.who.int/water_sanitation_health/resourcesquality/wqmchap2.pdf)

물은 처리하기가 어렵다. 역삼투 공법이 적용 가능한데 에너지 비용이 많이 소요되며 또한 농축수를 어디로 폐기시켜야 할지 미리 생각해야 할 것이다. 주위가 농토라면 높은 염분 농도가 작물에 피해를 주기 때문이다.

지표수의 침전

빗물, 저수지물, 강물의 탁질은 시간이 경과하면 침전한다. 탁질이 침전되면서 미생물도 함께 침전되어 가정에서 쉽게 이용된다. 캄보디아에는 빗물을 받아 사용하는데 빗물도 지붕에서 내려오면서 지붕 위의 먼지가 함께 내려와 처음에 매우 더럽다. 이를 물 항아리에 저장하면 탁질이 많이 제거된다. 탁질이 ntu로 0이 되기까지에는 약 1주일이 소요된다. 따라서 물 항아리를 많이 놓아 침전시키면서 사용하면 비교적 깨끗한 물로 사용이 가능하다. 건기가 되면 물 항아리가 비게 되는데 이때에는 인근 저수지로부터 물탱크로 물을 가져다가 물 항아리를 채운다. 저수지 물은 녹조류 또는 미세조류가 성장하기 쉽고 동물의 배설물로 더럽혀질 수 있고 또한 저수지의 토양으로 황토 색깔을 띨 수도 있다. 이 물도 마찬가지로 물 항아리에 넣고 뚜껑을 닫아 놓으면 탁질이 제거되고 녹조류도 죽어 침전하게 된다. 메콩강 물은 비가 올 때 탁질이 매우 높아지는데 이 경우에는 약품 침전이 필요하다.

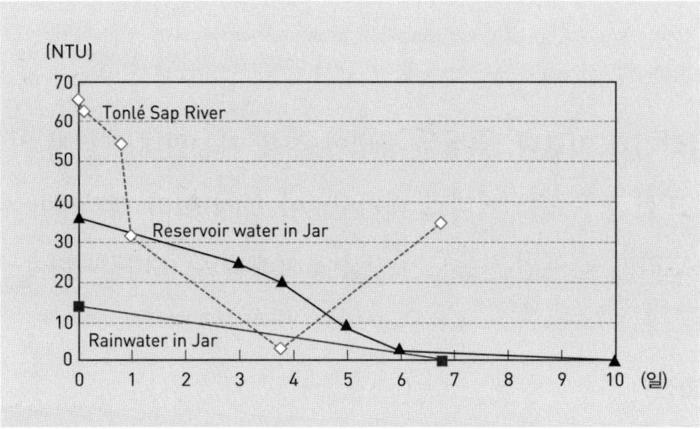

그림 2.23 강물, 빗물, 저수지 물 등의 지표수의 침전 특성(캄보디아 iWc 제공, 2016)
iWc(innovative water center)는 우리 정부에서 후진국의 수질 문제 해결을 위해 캄보디아에 한시적(2013~2017)으로 세운 물 연구개발 및 훈련센터임.

수돗물

수돗물은 영어로 city water, piped water 또는 tap water라고 부른다. 일반적으로 수돗물은 시와 같은 정부기관에서 관리하기 때문에 안전을 우선으로 하여 공급되는 물이나 관련 기술자의 주의부족이나 불충분한 관심과 예산 때문에 신뢰성을 잃는 경우가 허다하다. 이미 언급하였지만 수돗물은 대규모로 물을 공급하기 때문에 이를 위해서 안정적인 양과 수질이 무엇보다도 중요하다. 이러한 것을 고려하여 취수원을 정하는데 세월이 지나면서 취수원이 오염되고 수도관이 노후화되어 각종 이물질이 들어와 수질을 악화시키게 된다. 이러한 문제를 제때 해결하기 위해서는 적절한 예산이 필요한데 이렇지 못한 경우에는 점점 수질이 악화되어 신뢰성이 더욱 떨어지게 된다. 하지만 많은 사람들이 먹는 물이기 때문에 해당 공무원이 이 일에 책임을 지고 있어 어느 정도는 신뢰할 수 있다. 우선 사용하는 사람이 많기 때문에 물속에 중금속이나 유기화학물질이 포함될 가능성은 매우 낮다. 정부는 상수원 보호구역을 지정할 수 있기 때문에 어느 정도의 수질은 확보되나 운영 관리 면에서 병원균에 오염될 가능성은 배제하기 어렵다. 특히 물을 처리하는 정수장의 수질과 수요자가 먹는 수질에는 차이가 있을 수 있는데 수도관에서 수질이 변화되기 때문이다. 수도관도 청소를 해야 하는데 청소가 쉽지 않기 때문이다. 사람도 나이를 먹다 보면 노후화되어 혈관이 막히는 경우도 있고 심지어는 터지기도 하는데 수도관도 마찬가지이다. 불량한 원수를 사용하다 보면 미처리된 물질이 수도관에 들어가게 되고 이로 인해 미생물이 수도관에서 성장하게 된다. 이러한 것을 방지하기 위해 소독약 기운을 파이프 내에서 떨어지지 않게 유지하는 것이 정상적인 유지관리 방법이다. 또한 파이프 내에는 수압이 어느 정도 걸려 있어야 하는데 간헐급수를 하면 비급수 시에 파이프 내로 이물질이 들어갈 수도 있다. 수도에 호스를 연결하여 빨래를 하다가 급수가 정지되면 물이 거꾸로 수도관으로 들어가는 경우도 있다.

잠시 수돗물을 어떻게 처리하는지 살펴보도록 하자. 수돗물을 만드는 정수기술은 오랜 역사를 가지고 있다. 정수 효과도 좋아야 하지만 유지 관리가 용이한 시스템이어야 함은 물론이다. 우선 정수 시설의 처리 목표는 탁질과 병원균 제거이다. 만약 탁질과 병원균 이외의 불순물을 제거할 필요가 있으면 현 수원을 포기하고 다른 수원을 물색하는 것이 정상이다. 그림 2.24는 일반적인 정수 처리 공정이다.

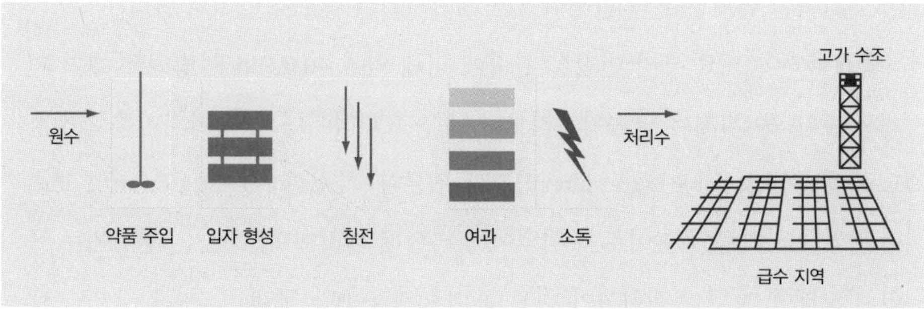

그림 2.24 일반적인 정수 처리 공정

응집(coagulation), 침전(settling), 여과(filtration) 과정을 통해 탁질과 병원균이 제거되며 그 후에 여과와 소독 시설을 거친 후 물탱크에 저장하여 급배수를 시킨다. 응집은 약품을 사용하여 급속혼합시키는 과정이며, 물속에 침전이 어려운 탁질을 크게 만들어 주는 과정을 flocculation이라고 부른다. 고가 수조(물탱크)의 높이에 따라 수압이 결정되는데 10 m 이상이다.

우리나라의 공공용수의 수원은 대부분이 지표수(빗물)이다. 비가 오면 탁질이 증가하고 비가 오지 않으면 탁질이 매우 낮다. 따라서 탁질을 제거하기 위해 약품을 사용하여 침전이 잘되게 유도한다. 침전시킨 후에는 여과를 시킨다. 그 후에는 소독을 하여 소비자에게 공급하는데 커다란 물탱크(저류조)를 높은 지역에 설치하여 물 수요에 맞게 공급되도록 한다. 1965년 당시 기록을 보면 서울시의 뚝섬 정수장은 하루 처리 용량 17400 m^3의 완속여과 시설을 갖추고 있었으며 노량진 정수장도 24000 m^3의 완속여과 시설을 사용하였으나 더 많은 물을 단시간 내에 처리하기 위해 급속여과시설을 증설하였다. 요즘 우리나라에서는 완속여과 시설을 보기 힘들어졌다. 소독은 모두 염소를 사용하고 있다. 활성탄을 이용하는 고도처리 시설은 낙동강 하류에 적용 운전되고 있으며 일시적인 냄새는 분말 활성탄으로 제거시키는 것으로 알려져 있다.

급속여과의 소요 부지 면적은 완속에 비해 약 1/40로 작다. 병원균 제거 면에서는 완속여과지가 급속여과지보다 매우 효과적이다. 완속여과지를 가정용으로 개발한 것을 bio-sand filter라고도 부른다. 최소한 0.3~0.45 mm의 모래층은 70 cm 가량의 깊이로 구성되어야 하는데 탁질이 너무 높은 경우에는 표면의 모래를 자주 교체하여야 하므로 비효과적이다. 모래 표면에는 스므츠데크(Smutzdecke)라는 생물 여과층이 형성되어 수질을 더 좋게 하는 것으로 알려지고 있다. 일종의 slime layer(박테리아 외부 층을 구성하는 물질로 간혹 콧물처럼 보인다)이다. 병원균을 보다 효과적으로 제거시키는 요인으로는 모래의 크기가 급속여과지보다 작고, 스므츠데크층 때문이라고 한다. 여과지의 표면이 막히면 모래를 일부 걷어내고 새 모래를 넣어서 사용하는데 탁질이 높으면 모래를 자주 갈아주어야 하므로 스무츠데크층이 형성되기 어려워 수질이 나빠진다.

완속에 비해 급속여과는 조금 굵은 모래(0.45~0.55 mm 크기)를 사용하는 대신에 침전지에 약품을 투여하여 입자를 크게 하여 여과시키며 모래층이 막히면 인위적으로 물과 공기를 혼합하여 씻어내는 역세척 과정이 있는 것이 다르다. 이렇게 약품을 사용하면 병원균들이 탁질과 함께 제거되는 효과도 있으나 모래 크기가 크고 여과 속도가 빠르기 때문에 완속여과보다는 수질이 양호하지 못하다. 하지만 어떤 여과방법을 사용하던 간에 목표 탁도는 두 방법 모두 0.1 ntu이며 미생물학적 기준도 맞아야 한다. 단지 병원균 기준을 맞추기 위해 염소 소독을 하여야 하는데 완속의 경우가 수질이 더 좋으므로 소독약이 적게 소요될 수 있다. 소독약은 발암 물질을 형성하기 때문에 가급적 적게 사용하는 것이 좋다. 표 2.10은 완속과 급속여과지의 성상을 비교한 것이다.

이미 언급한 바와 같이 우리나라의 도시에서도 완속여과지를 많이 사용하였으나 급속한 인구 증가에 따라 부지 소요가 커서 급속으로 바꾸었다. 농촌의 경우에는 탁도의 변화가 심한 경우에 운전이 어려워 membrane으로 바꾸는 것으로 보인다. membrane 공법은 탁질 변화에 쉽게 적응하여 탁질 제거가 매우 우수하나 비용이 비싸다. 특히 이 시설을 설치하면 해당 시설에서 다른 업체제품을 사용하는 것이 어렵게 되어 업체 선정에 주의가 필요하다. 소규모의 경우에는 판막 형태를 사용하면 쉽게 부드러운 헝겊이나 스펀지로 청소할 수 있는 장점도 있으나 중공사막(hollow fiber membrane)인 경우에는 폐쇄되면 화학적인 세척이나 교체가 필요하다.

특히 소규모 가정용 정수기에 membrane이 많이 사용되고 있는데 이렇게 하

• 표 2.10 완속과 급속여과지의 적용 비교* •

항목	완속	급속
적용 탁도	5~10 이하	제한 없음
색도	10 이하	75 이하
녹조류	5 mg/L 이하	–
대장균 수(MPN/100 mL)	800 이하	20,000 이하
여과 속도(m/d)	4~5	100~150
모래 크기(mm)	0.3~0.45	0.45~0.55
균등계수(D60/D10)	2 이하	1.35~1.75
모래+ 자갈층 깊이(cm)	70~90 + 60	60~75 + 40~60
바이러스 제거 효율	99.999	99
Giardia Lamblia 제거 효율	98~100	96.9~99.9

*한국의 상수도 시설 기준(2010)에서 발췌하였으며 처리수의 목표 탁도는 0.1 ntu임. 용존산소(DO)가 고갈된 물은 모래에 포함된 Fe, Mn 등이 용출 가능하므로 문제가 될 수 있음.

면 차지하는 공간이 작고 확실한 수질 생산이 가능하다. 구멍 크기가 큰 pre filter, micro filter(MF), ultra filter(UF)의 순으로 처리하여 membrane들의 수명을 연장시키고 일정 기간이 지나면 막을 교체한다. 최근에는 역세척이 가능한 막도 사용되고 있다(Philosmembrane). RO(reverse osmosis: 역삼투) membrane은 구멍을 매우 작게 하여 삼투압으로 물이 이동되는 것을 보다 큰 압력을 적용하여 물을 반대 방향으로 이동시키는 방법으로 삼투압보다 큰 압력이 필요하다. RO 공법은 병원균을 거의 완벽하게 제거시키나 대규모 시설에서 보면 그 안전성 때문에 역시 소독을 실시하고 있다. RO는 압력이 비교적 많이 소요되는 대신에 물속의 경도, 염분은 물론 미네랄까지도 제거시킨다. 거의 순수를 만들지만 증류수와 같은 순도는 아니다.

그림 2.25는 적용되는 입자의 크기에 따르는 membrane의 처리 유량과 소요 압력을 보여 주고 있다. 적용하려는 membrane에 따라 소요 수입이 필요한데 MF가 최소 0.7 m, UF가 3 m 이상이며 RO는 매우 높은 압력이 필요하다. 또한 membrane 표면적당 물 처리량도 MF가 10~100 $m^3/m^2/d$인 반면에 UF는 이의 1/10이며 NF(nano filtration)나 RO는 1 $m^3/m^2/d$ 이하이다. 이 부분은 가정용 정수기에 보다 상세히 소개되어 있다.

생활용수 기준(WHO, 미국, 한국)

생활용수의 기준은 WHO를 비롯해 나라마다 독자적인 기준을 가지고 있다. 하지만 WHO는 대표성을 가지고 있으며 그 기준은 대략 4가지로 설정되어 있다. 미생물학적인 기준으로 병원균의 유무를 나타내며 물리적 기준은 탁

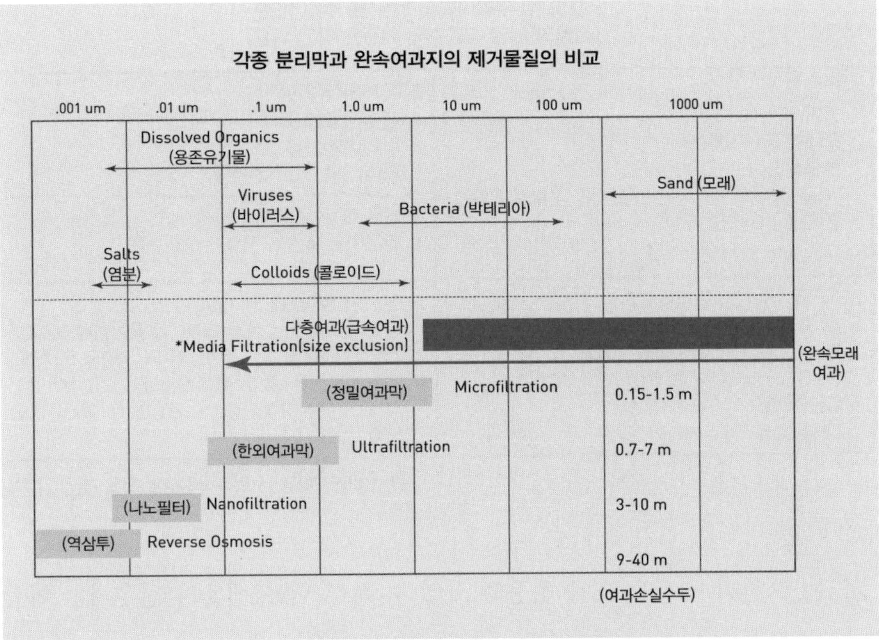

그림 2.25 입자 크기에 따른 Membrane filter의 적용 범위

도, 색도, 냄새 등과 같이 건강과는 관련이 없으나 심미적인 기준을 나타낸다. 화학적인 것과 방사능 물질에 대한 기준은 인체에 대한 독성을 나타내는 기준으로 발암 물질도 여기에 속한다. 우리나라는 방사능에 대한 기준이 없는데 그 이유는 미래부(과거에는 교과부)에서 방사능 관련 모든 문제를 다루고 있기 때문이다. 이를 요약한 것이 표 2.11이다. 도시 상수도와 먹는 샘물의 기준이 다르게 설정되어 있는 점에 유의하기 바란다. 먹는 샘물에는 병원균과 접촉이 없기 때문에 더 강력한 기준을 적용하고 있으나 석회가 포함된 것을 나타내는

• 표 2.11 우리나라의 먹는 물 수질 기준 •
(샘물과 해양 심층수의 기준은 약간 다름)

1. 미생물	3. 유해한 유기물질 (mg/L)
일반세균 1000 CFU/mL 총대장균 0/100 mL 분원성대장균 0/100 mL (먹는 생물의 경우에는 분원성 연쇄상균 등이 별도로 적용됨)	페놀 0.005 다이아지논 0.02 파라치온 0.06외 14종 4. 소독제 및 소독부산물 (mg/L) 잔류염소 4, 총 THM 0.1 외 8종
2. 유해한 무기물질 (mg/L) pb 0.01 F 1.5 (샘물 2.0) B 1.0 As 0.01 (0.05) Se 0.01 CN 0.01 Cd 0.005 Hg 0.001 NH_4N 0.5 NO_3N 10	5. 심미적 영향 물질 (mg/L) 경도 300(먹는 샘물 500, 해양심층수 1200), 과망간산칼륨 10, 무취, 무미, 색도 5, 탁도 1ntu, pH 5.8~8.5, 세제 0.5, Fe 0.3, Mn 0.1, Al 0.2, SO_4 200, Cu 1, Zn 3, Cl 250, TDS 500

괄호 내의 자료는 먹는 생물에 적용되는 기준임

경도는 오히려 높은 농도를 허용하고 있다. 특히 먹는 샘물의 경우에는 화학적인 방법을 적용하여 소독을 하지 못하게 되어 있다.

표 2.12는 서울시의 수돗물을 수도꼭지에서 채수하여 분석한 결과이다. 서울시 상수도는 2009년 UN공공행정상을 수상하였고 미국의 UL이나 WHO가 지정한 수질 가이드라인에서 2008년부터 모두 적합하다는 판정을 받았다. 아리수의 인지도도 2006년 16.5%에서 2009년에는 84.2%로 증가하였다. 하지만 서울시 상수도를 직접 마시는 음용률은 아직 낮은 편이다.

• 표 2.12 서울시의 수돗물 수질(수도꼭지 수질) •

서대문구, 은평구, 마포구(서부수도사업소 ☎02-3146-3500)
"검사결과 57항목 모두 수질기준을 충족했습니다."

수질항목 (수질 상한기준)	서대문구	은평구	마포구	수질항목 (수질 상한기준)	서대문구	은평구	마포구
일반세균(100CFU/mL)	0	0	0	잔류염소(4.0mg/L)	0.36	0.21	0.47
총대장균군(불검출/100mL)	불검출	불검출	불검출	총트리할로메탄(0.1mg/L)	0.0194	0.0177	0.0192
대장균 분원성대장균군 (불검출/100mL)	불검출	불검출	불검출	클로로포름(0.08mg/L)	0.01396	0.01427	0.01371
				브로모디클로로메탄(0.03mg/L)	0.00427	0.00347	0.00423
납(0.05mg/L)	불검출	불검출	불검출	디브로모클로로메탄(0.1mg/L)	0.0012	불검출	0.0012
불소(1.5mg/L)	불검출	불검출	불검출	클로랄하이드레이트(0.03mg/L)	0.00142	0.00252	0.00161
비소(0.05mg/L)	불검출	불검출	불검출	디브로모아세토니트릴(0.1mg/L)	불검출	불검출	불검출
세레늄(0.01mg/L)	불검출	불검출	불검출	디클로로아세토니트릴(0.09mg/L)	0.00128	0.00223	0.00132
수은(0.001mg/L)	불검출	불검출	불검출	트리클로로아세토니트릴(0.004mg/L)	불검출	불검출	불검출
시안(0.01mg/L)	불검출	불검출	불검출	할로아세틱에시드(0.1mg/L)	0.0062	0.0076	0.0069
6가크롬(0.05mg/L)	불검출	불검출	불검출	경도(300mg/L)	39.6	38.2	38.6
암모니아성질소(0.5mg/L)	불검출	불검출	불검출	과망간산칼륨소비량(10mg/L)	1.00	0.97	1.06
질산성질소(10mg/L)	1.4	1.3	1.3	냄새(무취)	적합	적합	적합
카드뮴(0.005mg/L)	불검출	불검출	불검출	맛(무미)	적합	적합	적합
보론(1.0mg/L)	0.012	불검출	0.012	동(1mg/L)	불검출	불검출	불검출
페놀(0.005mg/L)	불검출	불검출	불검출	색도(5도)	불검출	불검출	불검출
다이아지논(0.02mg/L)	불검출	불검출	불검출	세제(0.5mg/L)	불검출	불검출	불검출
파라티온(0.06mg/L)	불검출	불검출	불검출	수소이온농도(5.8~8.5)	7.4	7.5	7.5
페니트로티온(0.04mg/L)	불검출	불검출	불검출	아연(3mg/L)	불검출	불검출	불검출
카바릴(0.07mg/L)	불검출	불검출	불검출	염소이온(250mg/L)	12	10	11
1,1,1-트리클로로에탄(0.1mg/L)	불검출	불검출	불검출	증발잔류물(500mg/L)	76.0	78.0	86.0
테트라클로로에틸렌(0.01mg/L)	불검출	불검출	불검출	철(0.3mg/L)	불검출	불검출	불검출
트리클로로에틸렌(0.03mg/L)	불검출	불검출	불검출	망간(0.3mg/L)	불검출	불검출	불검출
디클로로메탄(0.02mg/L)	불검출	불검출	불검출	탁도(0.5NTU)	0.094	0.077	0.094
벤젠(0.01mg/L)	불검출	불검출	불검출	황산이온(200mg/L)	9	8	8
톨루엔(0.7mg/L)	불검출	불검출	불검출	알루미늄(0.2mg/L)	0.028	0.026	0.031
에틸벤젠(0.3mg/L)	불검출	불검출	불검출				
크실렌(0.5mg/L)	불검출	불검출	불검출				
1,1-디클로로에틸렌(0.03mg/L)	불검출	불검출	불검출				
사염화탄소(0.002mg/L)	불검출	불검출	불검출				
1,2-디브로모-3-클로로프로판 (0.003mg/L)	불검출	불검출	불검출				

잔류염소 소독력이 있는 형태로 물 속에 존재하는 염소량 판단

탁도(Turbidity) 물의 맑기가 0.5NTU 이하이면 음용에 적합한 깨끗한 물임

수소이온 농도 물의 액성을 나타내는 값으로 pH 5.8~8.5이면 안전한 물임

※자세한 수질검사 결과는 상수도사업본부 홈페이지(http://arisu.seoul.go.kr) "2009 아리수품질보고서"를 참고하시기 바랍니다.

소독과 AOP (advanced oxidation process : 고도산화처리 방법)

막분리 방법이나 여과지로 처리한 물 또는 끓여 놓은 물이라도 어느 정도 시간이 지나면 다시 처리를 하거나 소독을 하여야 한다. 보리차를 냉장고에 넣어 두더라도 얼마 지나면 냄새가 난다. 같은 이유로 상수는 소독을 한 후에 파이프를 통해 집에 들어온다. 파이프로 오는 과정에서 소독약 기운이 저하되면 미생물이 성장한다. 마치 우리 몸의 면역력이 떨어지면 병에 결리는 것과 같은 원리이다.

미생물들은 눈에 잘 보이지 않으나 고체 표면에 붙어 성장하기를 좋아한다. 따라서 물의 탁질을 제거하면 대부분의 미생물이 제거된다. 침전만 시켜도 완전하지는 않지만 큰 효과가 있다. 캄보디아의 물 항아리는 물을 보관하며 침전시킨다. 빗물이나 저수지 물을 약 10일간 뚜껑을 덮고 놓아두면 물이 맑아지고 대장균도 거의 없게 된다. pH도 효과적인 소독 방법이다. 레몬은 강한 산성이어서 물속에 넣으면 병원균의 성장을 억제한다고 알려져 있다. 이 물도 보리차와 같이 오래 놓아두면 부패하기 때문에 가급적 빠른 기간에 마셔야 한다.

병원균 유무는 대장균 유무로 판단하는데 그 이유는 사람의 배설물에 각종 미생물이 있어 위험하기도 하지만 대장균이 다른 미생물보다 생존력이 강하기 때문에 대장균이 없으면 병원균이 없다고 추론할 수 있기 때문이다. 원생동물이나 회충 등은 크기가 커서 침전이나 여과로 쉽게 제거된다. 반면에 바이러스는 크기가 작고 종류가 많아 제거하기가 어려우나 표 2.10에서 보는 바와 같이 완속여과로 99.999% 제거가 가능하다.

표 2.13은 물 처리 공정에 사용되는 소독과 고도산화처리 방법을 나타내고 있다. 기본적으로 물속에 존재 가능한 농약이나 공장폐수 잔재물은 일반적인 정수기법으로는 제거가 안 되기 때문에 적용되는 공법이다. AOP 공법의 주요 기작은 물속에 OH 라디칼(그림 2.26 참조)을 형성시켜 물속의 유기물질을 산화시킴으로써 물과 이산화 탄소로 변환시키며 병원균을 사멸시키는 것을 목표로 하고 있다. 특히 물속의 유기 물질을 분해하여 제거시키기 위해서는 약품 소요량이 크기 때문에 촉매를 이용하여 효율화를 꾀하고 있다. 아울러 유기물질의 완전 분해보다는 농약 등과 같이 미생물이 분해시키지 못하는 유기물질을 분해 가능한 정도로 분해시킨 후에 미생물을 이용하여 마지막 분해를 시키는 BAC(bacterial activated carbon) 필터를 정수장에서 사용하기도 한다. 열처리나 wet air oxidation, super critical oxidation은 먹는 물에는 이용되지 않는 방법인데 고온과 고압을 이용하는 방법으로 주로 고체를 액체로 분해시키는 데 이용

• 표 2.13 정수처리 공정에 사용되는 고도산화처리 방법 •

화학적 산화	오존(O_3) 처리, H_2O_2(과산화 수소), Cl_2(염소)
물리적, Irradiation	UV(자외선), 초음파
전기화학적인 방법	전기 분해
고온고압조건	열처리, 습식 산화, super critical oxidation

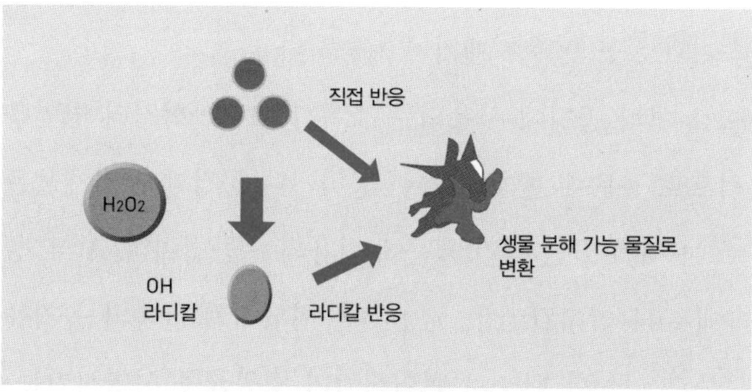

그림 2.26 고도산화과정: H_2O_2에 의한 OH 라디칼 형성

된다. 물을 끓여서 소독하는 방법은 널리 알려져 있어 설명이 필요 없을 것이다.

오존이나 H_2O_2, Cl_2, 자외선은 모두 소독용으로 사용되는데 소독 효과는 물 속의 유기물질을 제거시킨 후에 나타난다. 따라서 깨끗한 물인 경우에는 소독 효과가 작은 양으로도 가능하나 오염된 물인 경우에는 비교적 많은 양을 주입하여야 한다. 또한 많은 양을 주입하다 보면 원하지 않는 물질들이 형성되어 문제를 유발시키는데 이를 소독부산물(disinfection byproduct: DBP)이라고 한다. 도시 상수도에서 염소 소독을 하면 발암 물질이 형성되기 때문에 O_3, UV 등으로 소독하는 경우에는 소독 효과가 장기간 유지되지 못해 큰 도시에서는 염소 소독을 행하고 있다(이때는 발암 물질의 형성을 막기 위해 물속의 발암 물질 형성을 초래하는 물질을 먼저 제거시킨 후에 사용하고 있다). 최근 자외선 소독이 많이 사용되고 있으나, 이 역시 염소만큼 장시간 소독 효과는 나타내지 못하고 있다. 전기 분해 방법은 가정용 정수기에서도 많이 이용되고 있으며, 이것은 사용되는 전극으로부터 용출되는 이온이 물속의 불순물과 결합되어 큰 입자를 형성하여 제거시키는 정수법이다. 이때 전기 분해 과정에서 H_2, O_3, H_2O_2, OH 라디칼이 형성되어 음극에서는 환원, 양극에서는 산화가 일어난다. 또한 이 과정에서 물속의 염소 이온은 OCl이나 HOCl이 되어 살균을 시키게 되며 전기 분해 과정에서 항산화 물질이 형성된다고도 한다.

병원균을 사멸시키기 위해서는 약품주입량뿐만 아니라 접촉 시간이 중요한데 온도에 따라 다르며, 또한 죽이려는 균에 따라서도 다르다. 20도에서 염소 2 mg/L로 소독하는 경우에 pH 7에서의 바이러스는 약 1.5분(CT 값은 3), 병원균은 10분, Giardia lamblia는 약 100분(CT 값은 200)이 소요된다. 온도가 낮을수록, 또 pH가 높을수록 약품 소요가 증가된다. 바이러스는 비교적 쉽게 죽는다. Girdia lambria, cryptosporidium과 같은 원생동물은 크기가 크기 때문에 여과 등에 의해서 쉽게 제거 가능하다.

투명한 PET병에 물을 가득 채운 후에 지붕 위에 올려놓아 햇빛에 의해 소독하는 방법을 SODIS(그림 2.27 참조)라고 부르는데 햇빛 속의 UV를 이용하는 방법이다. 이 방법은 병을 깨끗하게 씻은 후에 먹으려고 하는 물을 넣고 지붕 위에 약 6시간 올려놓으면 소독이 된다는 것인데 그 이후에 이 물을 마시면 안전하다고 한다. 이러한 과정에서 햇빛에 의해 PET병이 분해되어 해로운 물질이 흘러나오지 않을까 하는 우려가 있으나 햇빛에 의해 분해되는 정도가 커질 수 있기 때문인데 연구 결과에 의하면 햇빛을 받는 외부에는 변형이 있으나 그 내부에는 변형이 없다고 한다(Wegelin et al, 2001).

이미 언급한 바와 같이 원생동물을 사멸시키기 위해서는 소독을 오래하여야 하는데 쉽게 여과지나 membrane을 이용할 수도 있다. 박테리아나 원충은 MF에 의해 쉽게 제거되나 바이러스는 UF를 거쳐야 한다. 특히 염분이나 비소, 불소 등을 제거시키기 위해서 사용하는 RO(reverse membrane) 공법은 MF나 UF

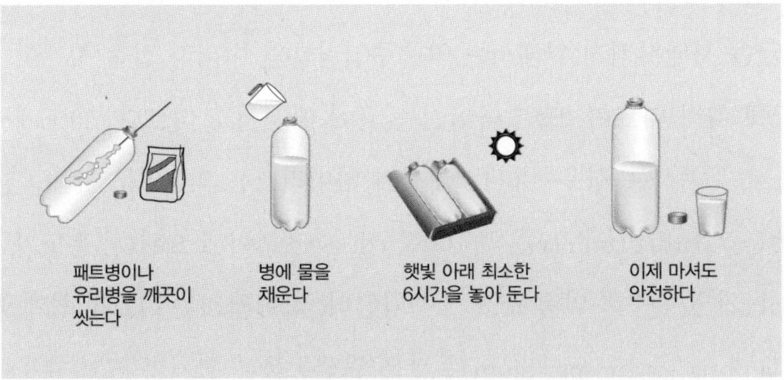

그림 2.27 태양을 이용한 물 소독 방법

가 약 5 m의 수압이면 운전이 가능하나 RO는 이보다 약 4배 이상의 압력이 필요하다. 일반적인 수돗물의 수압으로 겨우 운전이 가능하다. 또한 얻을 수 있는 물의 양은 UF에 비해 1/4~1/5로 감소한다. 따라서 염분을 제거하기 위한 목적이 아니면 RO를 사용하지 않는다.

수돗물에서 가장 큰 문제는 운전 관리 미숙에 의한 소독의 불충분이다. membrane도 이론적으로는 병원균을 제거할 수 있지만 처리된 물을 저장하거나 멀리 급수해야 하는 경우에는 소독 시설이 필요하다. 소독을 하더라도 약효가 떨어지기 전에 사용하여야 하며, 약효가 떨어진 후에는 효과가 없다. O_3이나 UV의 약효는 길지 못하나 염소는 비교적 길어 도시 상수도에서는 염소가 흔히 사용된다. 그런데 상수도 관망은 땅 속에서 복잡하게 연결되어 있어 부분적으로 새는 경우도 있을 수 있다. 우리 몸에도 긴 혈관이 있는데 혈관이 터지는 경우가 있다. 바로 뇌졸증이다. 오래된 관은 스케일도 끼고 부식되어 약해져 수압을 이기지 못해 터지기도 한다. 따라서 간헐급수를 하는 경우에 터진 파이프 내로 이물질이 들어오게 된다. 간헐급수를 하는 개발도상국에서는 종종 이러한 과정으로 파이프 속이 오염된다.

소독에 의해서도 발암 물질이 형성될 수 있다. 1970년대 초 미국의 미시시피 강에서 염소 소독에 의한 발암 물질이 검출된 이래로 염소 소독 시에 주의가 필요하다. 발암 물질은 유기 물질을 분해하는 과정에서 생성되는 부식물(humic substance)에 염소가 반응하여 THM(trihalomethane)과 같은 소독 부산물(DBP: disinfection byproduct)를 생산한다는 점이다. 당시 미시시피 강은 하류로 가면서 재이용되는데 이때에 염소 소독부산물이 형성된 것이다. OCl이나 HOCl 등의 농도와 접촉 시간이 길수록 THM 형성 가능성이 높아진다. 실제 현장에서는 부식물을 응집 침전시키며 O3를 주입하여 유기물질을 먼저 제거시킨 후에 다시 염소를 주입하여 염소 주입에 의한 영향을 감소시키려는 노력을 하고 있다. 염소와 달리 UV는 축적 효과가 없는 것으로 알려져 단기간 사용하는 소규모 시설에 많이 이용되고 있다.

파이프를 이용하여 물을 공급받는 경우에 물을 받아 놓으면 흰색 물질이 용기에 남는 경우가 있는데 이것은 왜 생기는 것일까? 여러 가지 이유가 있겠지만 필자가 추정하기에는 오래된 파이프 내에는 이물질이 낄 수 있는데 이 이물질이 흘러나온 것으로 생각된다. 이러한 문제를 감소시키기 위해서는 파이프도 주기적으로 청소해 주어야 하는데 이것이 어렵기 때문에 소독약 기운을 유지시켜 병원균은 아니지만 미생물이 성장할 수 없게 하고 있다. 이러한 현

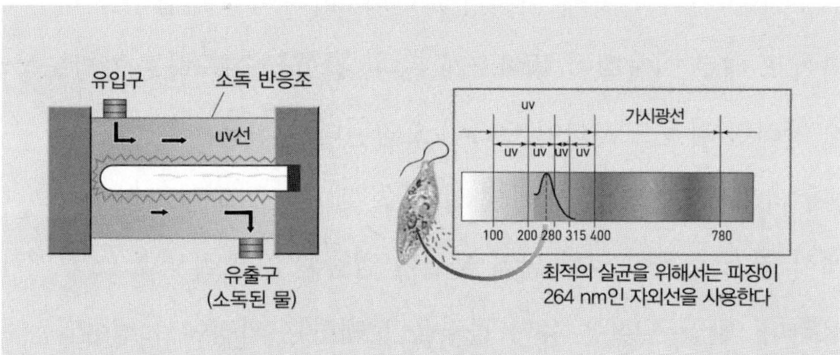

그림 2.28 UV 소독 시설

UV에 의한 소독 효과는 유량, UV lamp의 크기, UV와 미생물의 접촉 시간과 UV의 투시거리 등에 따라 변화되는데 264 nm의 파장이 가장 효과적이라고 한다. Lamp의 수명이 제작자가 주장하는 것처럼 길지 못하다고 한다.

상이 두드러지는 곳은 물탱크에 물을 저장하였다가 사용하는 경우인데 물탱크에서 물이 장기간 저류되면서 소독약 기운이 떨어지면 미생물이 많이 생겨나게 된다.

또 다른 이유는 이물질이 수도관에 들어가는 경우인데 수도 공사 시에 부주의에 의해 들어가는 경우가 있었지만, 지금은 거의 없다고 생각해도 될 것이다. 시민들이 걱정하는 것은 물속의 석회가 침전하는 것이 아닌가 하는 것인데 서울시의 원수는 한강물로써 침전될 만한 것이 없다. 침전물이 정수 과정에서 과량 주입한 약품에 의한 것이 아닐까 하는 생각도 가질 수 있는데 약품 주입 후에는 침전과 여과 과정 등이 있어 수돗물에 섞여 나올 수 있는 확률은 낮은 것으로 보인다. 또 물을 끓이면 침전물이 있을 수 있는데 이는 물속에 있는 칼슘 때문이다. 그러나 한강물에는 칼슘 농도가 높지 않아 건강상에는 문제가 되지 않는다. 물의 세기로 약 300 mg/L인 우물물을 사용하는 경우에 솥에 남는 흰 색깔의 흔적이 바로 칼슘으로 보인다(그림 2.29 참조).

우리나라는 2002년 중국에서 시작된 사스(severe acute respiratory syndrome : SARS)에는 잘 대처하였는데 2015년 메르스(middle east respiratory syndrome : MERS)에 대해서는 그 대처가 미흡하여 많은 혼란과 어려움을 겪었다. 사스는 2002년 중국에서 발생되었고 메르스는 2012년 사우디아라비아에서 시작되었는데 둘 다 호흡기 증후군에 해당하지만 메르스가 더 견디기 어렵다고 한다. 또한 메르스보다 먼저 유행한 에볼라는 전염성이 메르스보다 강한 것으로 알려지고 있는데 감염된 사람과의 직간접적인 접촉(피, 분뇨, 타액 등)에 의해 전염된다.

지금은 모기에 의한 지카 바이러스(ZIKA Virus)가 남아메리카에서부터 시작하

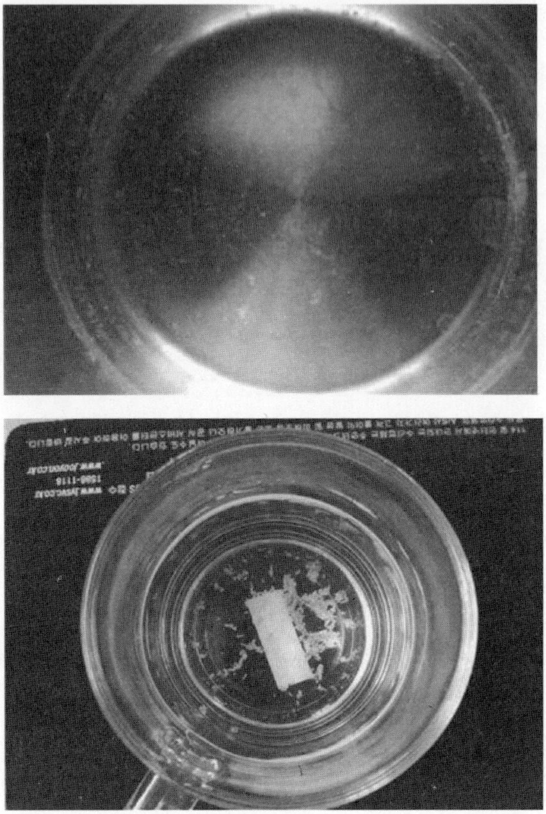

그림 2.29 냄비와 컵의 흰색 침전물
두 사진 모두 우물물을 끓인 후의 침전물이다. 모두 경도로써 허용 농도 300 mg/L 이하인 물이다.

여 퍼지고 있는 중인데 임산부가 걸리면 태아에게 큰 피해가 예상된다. 모기에 의한 풍토병으로 말라리아, 댕기열병 등이 있는데 모기는 고인 물에서 자라므로 고인 물 관리를 통해서 예방이 가능하지만 실제로 고인 물을 없게 만드는 것이 쉬운 일은 아니다. 모기에 물리지 않는 것이 최선이지만 이것도 마음대로 할 수 없다. 주위에 댕기모기에 물려 고생한 분들이 많다.

이러한 바이러스성 전염병 환자들로부터의 배설물과 이를 통한 감염 여부는 확실히 밝혀지지 않았지만 WHO(2014)는 에볼라의 경우에 별도 관리를 제안하고 있다. 예를 들어 하수관거와 연결되지 않은 환자용 화장실(latrine pit의 바닥)은 지하수위로부터 최소한 1.5 m 이상 높아야 하고, 우물과는 최소 30 m 이상의 거리를 유지하여야 하는 것으로 되어 있는데 개인적으로는 지하수 감염 가능성이 높은 것으로 보인다. 하수관거와 연결된 수세식 화장실에서는 노로바이러스, A형 간염과 같은 바이러스보다 쉽게 제거되는 것으로 보여 특별한 관리가 필요하지 않은 것으로 보여진다. 만약 환자가 배설한 것을 소독하기 위해서는 석회와 혼합하라고 한다. 하수 슬러지의 병균을 감소시키기 위해 석회를 주입(최의소, 1985)하는 것과 같은 논리이다. 염소 소독은 덩어리가 있을 때에는 비효과적이기 때문이다.

가정용 정수기

가정용 정수기의 종류는 매우 많으나 그 기본 원리는 앞으로 설명할 몇 가지에 모두 포함되어 있다.

침전 방법

더러운 물을 침전시키는 방법이다. 강이나 저수지물의 탁질을 장기간 놓아두면 침전되는데 이때 병원균도 함께 침전된다. 가능한 어두운 환경에서 침전시켜야 한다. 햇빛에 노출되면 녹조류가 성장한다. 캄보디아에서 많이 사용하는 물 항아리는 빗물을 받아 침전시키는데 뚜껑을 덮은 후 보관한다. 빗물은 대기오염이 없는 한 땅에 떨어지기까지는 깨끗하다. 하지만 더러운 공기나 지면에 접촉하면 그 수질이 나빠진다. 특히 토양에 점토분이 많은 경우에는 탁질이 증가한다. 우리나라에서도 비가 오면 산간 계곡의 물이 누르스름한 색깔로 변한다. 캄보디아는 이 현상이 특히 심한데, 메콩강은 비가 오면 탁질이 매우 증가한다. 이러한 물을 그대로 사용할 수 없기 때문에 침전을 시키는데, 정수장에서 이용하는 약품 대신에 유사한 약품들을 사용한다. 캄보디아에서 사용하는 약품(광물질)은 '사츄어'라는 것으로 응집 효과가 매우 크다. 이러한 약품 이외에 모링가(moringa oleifera)의 열매를 부수어 사용하기도 하는데 열매 내의 기름 성분에 의해서 물이 아주 깨끗해지는 것 같지는 않다. 모링가 열매는 그 자체로 건강식품으로 사용하기 때문에 응집제의 용도로 그리 많이 사용되는 것 같지는 않다.

빗물은 수증기가 변화되어 구름이 되었다가 땅으로 떨어질 때 대기 중에서 탄산가스를 흡수하면서 중성의 pH가 이산화 탄소를 흡수하여 땅에 도착할 때에 대략 5.7 정도가 된다. pH가 이보다 낮은 경우를 산성비라고 부르는데 대기 중의 NOx, SOx가 빗물과 함께 내려오기 때문이다.

캄보디아는 물 항아리(그림 2.30 참조)가 많을수록 부를 상징한다고 한다. 빗물을 선호하여 항아리에 빗물을 모아 두었다가 마시고 사용한다. 갈수기가 되면 물탱크 트럭을 불러 빈 항아리를 채우고 사용한다. 물 항아리에서도 침전이 일어나며 녹조류도 성장한다. 이 과정에서 물도 정화되는 것으로 보인다. 그림 2.31은 물속의 pH의 변화이다.

식물은 땅에 떨어진 물을 이용하여 성장한다. 물이 고이게 되면 수초와 함께 미세조류(microalgae)가 성장하며 대기 중이나 물속의 이산화 탄소를 흡수하여 물속으로 산소를 방출한다. 그리고 방출된 산소를 이용하여 물속에 있는 각종 배설물(불순물)을 분해하여 이산화 탄소를 생산한다. 이산화 탄소를 흡수

그림 2.30 캄보디아의 물항아리

하며 산소를 생산하는 사이클이 형성되는데 이 과정에서도 물의 pH가 변화된다. 미세조류가 성장하는 낮에는 pH가 증가하며 밤에는 낮아진다. 아울러 낮에는 용존산소가 높아지고 밤에는 낮아진다. 물고기도 함께 용존산소가 필요하게 되는데 흐린 날이 계속되거나 야간에는 물고기가 숨쉬기가 어려워 죽기도 한다. 물항아리 속에서 이러한 모든 일이 일어나기는 어렵겠지만 저수지나 웅덩이에서는 더 흔히 일어날 수 있다. 물이 증발할 때의 pH가 7인데 땅으로 내려오면서 이산화 탄소를 흡수하여 pH가 5.7 정도 된다. 대기 중에 NO_2나 SO_2 가스가 많으면 pH가 낮아져 산성비가 된다. 빗물이 지표면에 도착하면 물속의 이산화 탄소가 감소되고 흙 속의 미네랄이 포함되어 pH가 증가하는데 우리나라 강물은 약산성을 나타낸다. 즉 물속의 주성분이 HCO_3^-로 변화된다.

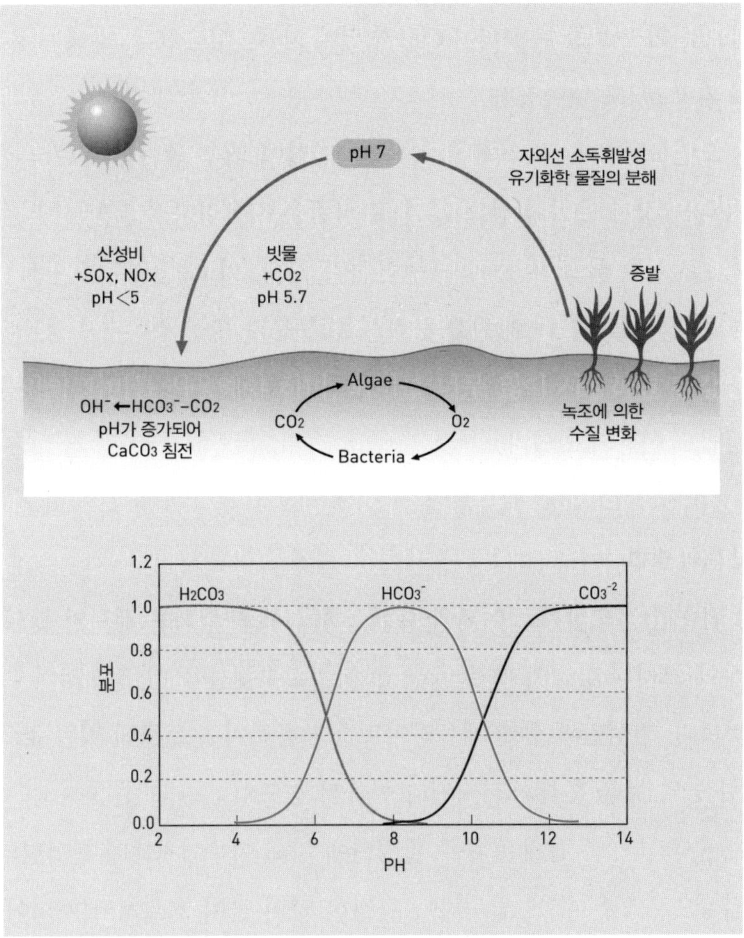

그림 2.31 빗물로부터 햇빛을 받는 물속의 pH의 변화

햇빛을 받아 미세조류가 성장하면 물속의 용존산소 농도가 증가하고 HCO_3^-로부터 이산화 탄소를 흡수하여 OH가 남아 pH는 상승한다. 밤에는 용존산소도 감소되고 pH도 낮아진다.

비가 오면 표류수(지면을 따라 흐르는 물)의 탁질이 매우 증가한다. 이러한 경우에 사용하는 것이 응집 침전으로, 주로 약품을 사용한다. 가정에서 약품을 이용하여 침전시켜 물을 먹는 경우는 흔하지 않다. 마을 상수도나 도시 상수도에서는 흔히 사용하는데 침전을 통해서 대부분의 병원균이나 미생물이 제거된다. 탁질도 제거시키며 소독도 함께 하는 약품을 개발하여 먹을 물을 정수하는 방법도 이용되고 있다.

여과 및 흡착 방법

가장 단순한 정수장치로 여과와 흡착을 동시에 수행하는 경우가 많다. 대표적인 것이 브리타(brita) 정수기(그림 2.32 참조)로 수돗물을 더 정수하기 위해 고안된 것이다. 활성탄과 함께 제올라이트를 사용하여 수돗물에 있는 소독약 냄새, 잔류 농약 등을 흡착 제거시킨다 아울러 경도(물을 끓이면 침전 제거되는 일시적 경도)도 제거시킨다. 즉 흡착은 주로 활성탄에 의해 이루어지는데 활성탄의 입자들을 입상으로 만든 후에 압축하여 일정한 양의 물이 흐르게 설계되어 있다. 일정 기간 이후에는 활성탄을 교체해야 한다. 활성탄을 교체하지 않으면 그 속에 농축되어 있는 미생물이나 중금속이 한꺼번에 흘러나올 수 있기 때문이다. 유사한 장치로 수도꼭지에 끼우는 것도 있다.

수돗물 이외에 비교적 깨끗한 강물이나 저수지물, 빗물 등을 정수하는 가장 간단한 방법이 ceramic filter(RDI 제조)이다. 왕겨 등을 절구에 넣고 빻은 후에 진흙과 함께 혼합하여 불에 구워낸 것이다. 왕겨가 타고 없어지면서 생긴 공간으로 물을 여과시킨다. 냄비 모양으로 구워 물통 위에 놓고 접시에 물을 넣으면 여과된 물이 아래에 고이게 된다. 왕겨를 아주 잘게 하면 물이 잘 안 빠진다. 일정기간 사용한 후에는 청소를 하여야 한다. 냄비 크기는 한 가정이 하루에 필요로 하는 물을 기준으로 결정되는 것으로 보면 될 것이다. 하루에 약 20리터를 여과시킨다. 병원균을 확실하게 제거시키기 위해 여과 표면에 질산은으로 코팅하기도 한다. 아울러 비소가 있는 지역에서는 비소를 제거시키기 위해 철과 망간을 이용한 나노 물질을 코팅하여 흡착시키는 연구가 진행 중에 있는 것으로 알려지고 있다.

가정용이나 마을 공동체가 사용할 수 있는 여과 장치가 완속여과 장치이다. 가정용으로 가장 작게 만든 것이 Bio-sand filter이다. 완속여과는 이미 언급한 바와 같이 좋은 수질을 생산하나 이를 위해서는 적용 원수에 조건이 있다. 탁도가 5~10 이하이며 대장균 수도 100 mL당 800 이하여야 한다(표 2.10 참조). 이 범위를 벗어나면 모래를 자주 갈아주어야 하기 때문에 모래 표면에 형성되는 스므츠데크층이 형성될 시간적 여유가 없기 때문이다. Bio-sand filter의 구조는 도시 상수도에서 사용하는 완속여과지의 원리와 크게 다른 것이 없으나, 마을 정수장과는 달리 적은 유량을 사용하므로 하루 20리터 정도의 물을 걸러낼 수 있도록 그 장치가 콤팩트하다는 점이다. 모래 깊이도 70 cm 정도로 거의 같다. 모래 위는 항상 잠겨 있어야 하며 먹기 위한 물의 수도꼭지는 모래 위의 수면과 거의 같아야 한다.

세라믹 여과장치

브리타(brita) 정수기(활성탄 여과장치)

생물 모래 여과 Bio-sand filter

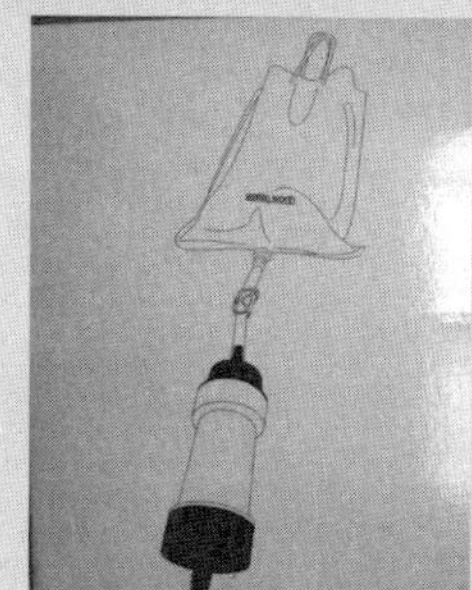

역세척이 가능한 분리막 여과장치

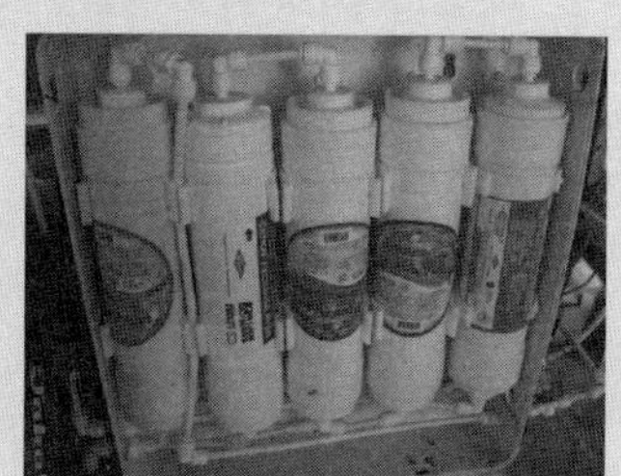

전 여과-탄소 여과-분리막-역삼투 정수 장치

그림 2.32 각종 가정용 정수기들

왼쪽 위: 세라믹 필터, 가운데는 브리타 정수기, 오른쪽 위는 BSF, 왼쪽 아래는 활성탄 흡착제와 함께 사용하는 MF 막으로 막을 역세척시킬 수 있다. 오른쪽 아래는 4~5개의 카트리지로 구성되어 있는 막으로 일정기간이 지나면 교체하여야 하는데, 5번째는 역삼투용이다.

Membrane System

이상 소개한 방법들은 거의 기계적인 요소가 필요하지 않은 방법들이다. 거의 에너지가 필요하지 않은 방법이나 membrane을 이용한 방법은 기계적인 요소뿐만 아니라 일정한 압력이 소요되는 것이 특징이다. 따라서 정수하는 데 필요한 압력을 위해 수돗물의 수압이 흔히 이용되고 있다. 따라서 수돗물이 없는 곳에서는 사용하기가 거의 어렵다. 수돗물의 설계 수압은 약 10 m 정도이다. membrane system은 여러 단계의 membrane을 이용한다. Prefilter, microfiltration(MF), Ultrafiltration (UF), 그리고 최종적으로 Reverse Osmosis(RO)를 사용하여 염분을 제거한다. 필요에 따라 Prefilter + carbon adsorption filter만을 사용할 수도 있는데 일정기간 사용 후에는 교체하여야 한다. 가장 가격이 비싼 것이 RO인데 염분을 제거시킬 필요가 없을 때는 필요하지 않다. 급속여과와 같은 Media filtration에서는 거의 손실수두가 없으나 MF는 0.15~1.5 m의 수두가 필요하며, UF는 0.7~7 m, NF에서는 3~10 m, RO에서는 9~40 m의 수두가 필요하다. membrane 면적당 하루에 얻을 수 있는 유량을 보면 MF의 경우에는 10~100, UF의 경우에는 1~10, Nanofiltration의 경우에는 0.8~2, RO의 경우에는 0.4~0.8 $m^3/m^2/d$이다. 대체적으로 RO로 가면서 에너지는 3배 증가하는 반면에 유량은 1/5 가량으로 감소한다(그림 2.25 참조).

물속의 석회질 또는 염분 농도

우리나라 사람들이 수돗물이나 우물물 등을 먹지 않는 이유를 물어보면 대부분 석회질 때문이라고 한다. 그림 2.29를 설명할 때에 이미 이 부분에 대해서는 충분히 설명하였으나 여기서 간략하게 정리하면 다음과 같다. 일반인들이 걱정하는 석회질은 수질 기준에서 용존 고형물질(total dissolved solid, TDS)로 명시되어 있다. 상한 농도가 500 mg/L이다. 여기에는 칼슘이나 마그네슘 같이 물의 세기(경도)를 나타내는 물질도 포함되어 있고 chloride도 포함된 값이다. 용존 고형물질을 측정하려면 깨끗한 증발 접시에 물을 넣고 110도 정도에서 건조시켜 남는 물질을 측정하여 물 1리터에 남는 물질이 얼마인지를 계산하여 그 농도를 알 수 있다.

이 방법 이외에 간단히 전기 전도도를 이용하는 것이 편리하다. 전기 전도도는 이미 설명한 바와 같이 물속의 이온화된 물질을 통해서 전기의 흐름 정도를 나타낸 값으로 uS/cm로 나타낸다. 그림 2.18에 전기 저항과의 관계가 주어져있다. 미네랄이 없는 물(TDS가 거의 없는 물)은 전기 저항이 매우 커서 전기 전도도가 매우 낮다. 반면에 미네랄이 많은 물(TDS가 큰 물)은 전기 저항이 낮아지며 전기 전도도는 높다. TDS가 높더라도 탁질은 없을 수 있으며 탁질이 있더라도 TDS는 낮을 수 있다. 깨끗한 빗물이나 RO로 거른 물의 전기 전도도나 TDS는 매우 낮다. RO 정수 방법 이외의 방법으로는 TDS에 큰 변화를 주지 못한다. 그림 2.33은 TDS 농도에 따르는 수질 상태를 보여 주는데 미국 음료수 기준에 의한 상태이다. 미국은 음료수 기준으로 TDS 500 mg/L 이하를 설정하고 있다. 전기 전도도(EC)와 TDS와의 관계식은 EC × 0.64 = TDS로 표시되지만 변환계수 0.64의 값은 수질에 따라 0.5~0.8로 변한다. 이러한 수질 기준은 몇 년 내에 만들어진 것이 아니고 오랜 세월을 두고 관련된 분들이 결정한 사항이다. 필자는 수질을 전공하지만 기준을 만들지는 못한다. 질병 관련 업종에 종사하는 사람들로부터 화학물질의 성질을 연구하는 사람들이 모여 만든다. 미국의 기준이 가장 강하며 일반적으로 WHO 기준을 토대로 자기 나라에 맞게 만들어 사용한다. 예를 들어 WHO의 탁질 기준은 5 ntu이나 우리나라는 0.1 ntu이다. 비소(As) 기준은 캄보디아에서는 기준이 0,1 mg/L이나 우리나라는 0.05 mg/L이다. 이러한 기준 설정 과정 때문에 수질 기준에 합당한 물은 안전하다고 보는 것이 타당하다.

그림 2.33의 TDS와 EC와의 관계를 좀 더 자세히 나타낸 것이 그림 2.34이다. 즉 다음 사항을 토대로 나타낸 것이다.

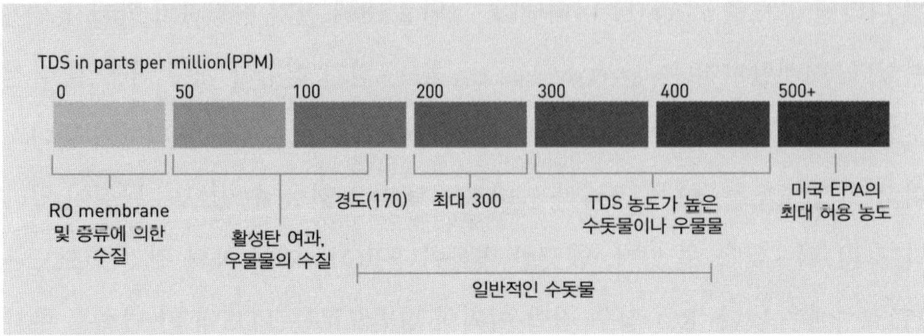

그림 2.33 먹는 물의 TDS의 허용 범위

(1) 바닷물의 염분 농도 34000 mg/L을 20배로 희석시키면 TDS는 1700 mg/L, 전기 전도도는 2650 uS/cm이다.

(2) 음료수의 허용 농도는 일반적으로 300 mg/L이나 해양 심층수는 1200 mg/L까지 허용하고 있다(한국).

(3) TDS는 허용 농도가 500 mg/L이나 800 mg/L까지는 허용하는 것으로 보인다(캄보디아).

(4) 전기 전도도는 먹을 수 있는 최대치가 800~2500 uS/cm이다. 농작물 적용 시에는 작물의 종류, 투수성을 고려해야 한다(호주의 Victoria 농업부서).

참고적으로 상기 TDS나 EC는 일반적인 정수 방법으로는 제거가 되지 않는다. 특별한 약품처리나 이온 교환수지나 RO를 사용하여야 한다. 반면에 탁질을 제거시키려면 다음과 같은 방법이 적용된다. 탁질이 10 이하(ntu 기준), 즉 투시도가 30 cm 이상인 경우에는 모래 여과나 membrane으로 처리가 가능하다. 탁질이 높아 투시도가 30 cm 이하인 경우에는 침전과 같은 전처리를 거친 후에 여과나 membrane을 적용하는 것이 효과적이다. 사실상 membrane이나 모래 여과나 기능면에서 다른 것이 거의 없다.

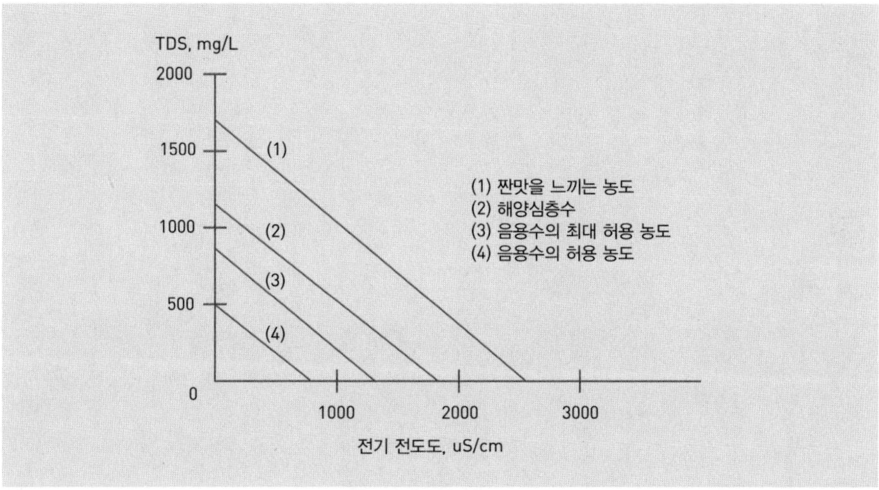

그림 2.34 TDS와 EC와의 관계

3.

알고 버리는 물/ 분노와 쓰레기

일반적으로 우리는 무엇을 먹는가보다 무엇을 버리며 사는지를 쉽게 인식한다. 하지만 요즘 도시에서는 하수처리가 잘 되어 있어, 우리가 버린 것들이 하수도를 통해 보이지 않게 흘러가기 때문에 내가 버린 것이 어디로 가서 어떻게 되는지 잘 알지 못한다. 불량한 화장실이나 변소가 없는 곳을 방문하게 되면 변소의 중요성을 깨닫게 되는데, 우리가 심각하게 생각해야 할 것은 버리는 것을 잘 관리하지 못하면 먹는 것도 안전하지 못하다는 것이다. 버리는 것이 토양을 통해 우리 입으로 다시 들어오기 때문이다. 인도를 여행하다 보면 길에 쓰레기 더미가 잔뜩 쌓여 있고 한쪽에서는 비닐을 소각하고, 소, 개 등이 이것을 먹는 모습을 흔히 볼 수 있다. 또 변소가 없는 곳이 많아 비가 오면 이러한 쓰레기들이 물줄기를 통해 하류로 이동하여 그들이 먹는 물로 사용하는 수원에 이르기도 한다. 인도는 요즘 3년간에 220억 달러를 투자하여 변소가 없는 불명예를 없애기 위해 노력하고 있다.

저수지의 생태 (수원이며 하수처리장)

저수지는 물을 저장하여 사용하는 곳으로, 자연적으로 생겨난 것도 있지만, 인공적인 저수지가 많다. 대부분 큰 저수지들은 인공적으로 만들어진 것이다. 인구가 적고 산업 활동이 적은 곳에서는 저수지를 급수원으로 사용하기도 한다. 저수지에서는 물리 화학 및 생물학적인 정화 작용이 일어나고 있다. 물속에 침전 가능한 부분이 침전되며 침전된 것은 박테리아의 먹이가 된다. 수면에서는 태양광선을 받아 녹조류 또는 미세조류(microalgae, 김이나 미역 등과 구별하기 위한 명칭)가 박테리아가 뿜어내는 탄산가스를 이용하여 산소를 생산하며 성장한다. 이것이 탄소동화 작용이다. 밤에는 태양광선이 없어 산소 생산을 못하여 박테리아와 함께 물속의 용존산소를 고갈시켜 물고기를 죽게 하기도 한다. 물론 이 과정에서 녹조류는 먹이 사슬을 통해 물고기의 밥이 되며 물은 정화된다. 미꾸라지를 기르기 위해 분뇨를 안

정화(분해)시킨 후에 찌꺼기를 주어 기르는 경우도 있다.

이러한 과정을 이용하여 하수를 처리하는 경우도 있는데 이를 산화지(wastewater stabilization pond, WSP)라고 부른다. 우리나라에는 한군데도 없지만 미국을 비롯하여 땅이 넓은 호주 등지에 많이 있다. 후진국에서도 많이 사용하며 캄보디아에는 Siem Reap와 Sihanoukille에서 가동 중에 있다. 유지 관리가 쉬우며 그 비용도 크지 않다는 장점이 있으나, 수질이 그리 좋은 편은 아니며 부지가 많이 소요된다는 단점이 있다.

저수지의 상부는 이미 언급한 바와 같이 녹조류가 산소를 내뿜고 또한 대기 중으로부터 산소가 녹아들어 용존산소가 높으나 하부로 가면 박테리아의 작용으로 산소가 고갈되어 혐기성 상태가 된다. 이 지역에서는 환원 상태로 토양 내의 금속성이나 침전물의 인이나 질소분이 용출된다. 토양 내부로부터는

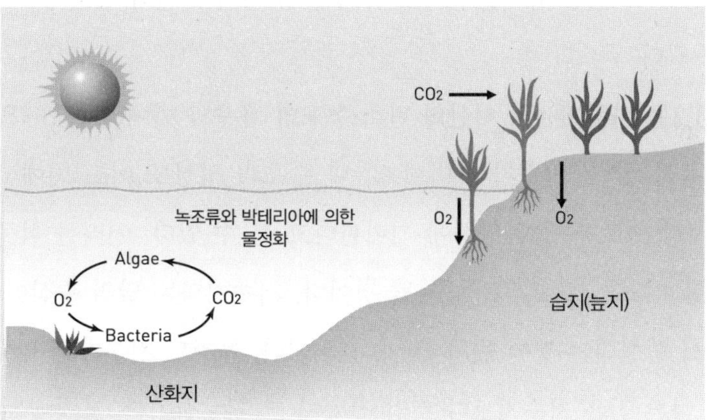

그림 3.1 저수지의 자연 정화 기능

철분이나 망간이 흔히 용출되는데 우리나라 팔당호에서도 관측된다. 용출되는 질소와 인은 녹조류의 영양소가 된다.

지하수에서도 우물물을 뽑아내면 누르스름한 물이 용출되는 경우가 있는데 이는 오랫동안 침적되어 있는 물이 혐기 상태로 철분을 용출시켰기 때문이다. 이 물을 공기 중에 노출시키면 철분이 산화되어 $Fe^{++} \rightarrow Fe^{+++}$로 되어 침전하여 물이 맑아진다.

궁극적으로, 사용한 물은 처리를 하던 하지 않던 토양이나 하천, 저수지로 흘러들어 가며 맨 나중에는 바다로 유입된다. 따라서 바다가 더러우면 육지로부터 더러운 것이 유입되었기 때문이라고 할 수 있다. 두말할 필요 없이 바다는 무한한 자원의 보고이다. 대기 중의 이산화 탄소는 바다로 흡수되어 지구 온난화를 느리게 만들어 주는 역할도 한다. 이를 carbon sequestration라고 하는데 토양도 마찬가지 역할을 한다. 우리가 농경지에 퇴비와 같은 유기물질로 시비를 하면 그 만큼 유기물질이 토양에 남아 역시 온난화 감소에 효과적이라고 할 수 있다.

그림 3.2는 바다에서의 이산화 탄소 농도의 흡수와 이에 따른 pH의 저하를 나타내 주고 있다. 저수지의 미세조류나 수초의 성장도 어느 면에서는 배출 탄소의 축적으로 온난화 완화에 기여한다고 볼 수 있다. 이러한 식물을 수확하여 이용한다면 그 효과는 증가될 것이다. 저수지와는 달리 수심이 깊지 않은 곳에서 형성되는 것이 늪지(습지, wetland)이다. 늪지도 저수지와 유사한 기능을 하나 다른 점은 저수지보다 토양 접촉이 크다는 점이다. 토양에는 보다 많은 종류의 미생물이 서식하며 토양층을 통한 물은 보다 깨끗하다. 인공적으로

만든 늪지를 인공 늪지라고 하며, 자연 늪지와 차별화하기 위하여 부르는 이름이다. 늪지에서 여과층의 기능을 활성화시킨 것이 수직흐름 늪지이다. 공기 구멍을 제공하여 식물이 공급하는 산소의 부족량을 보충하기 위해서이다.

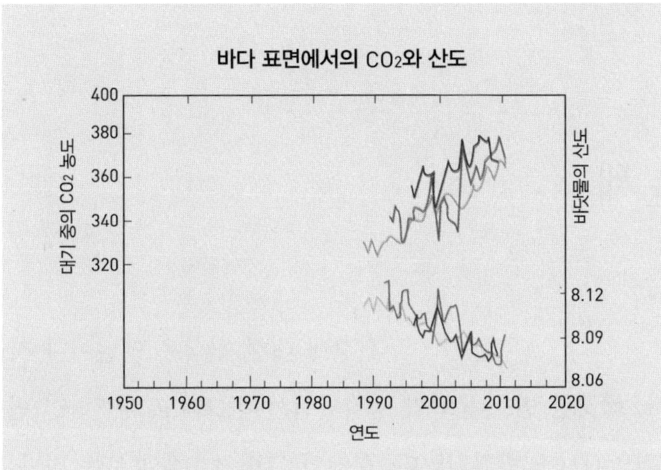

그림 3.2 대기 중의 이산화 탄소 농도와 바닷물의 pH

분뇨 문제

건강에 대한 관심은 옛날이나 지금이나 마찬가지이다. 깨끗한 변소 문화가 정착되면서 쭈그리고 배변하던 변소는 점점 사라지고 좌변기가 일반화되었다. 하지만 그림 3.3에서 보는 바와 같이 쪼그리고 앉아서 배변하는 것이 훨씬 건강에 좋다고 한다. 우리는 배변 후에 화장지로 뒤처리를 하는데 지구 곳곳에서는 물로만 닦는 곳도 있다. 이러한 지역에서는 치질이 없다고 한다. 하루 일과를 시작하면서 배변이 시원하지 않으면 하루 종일 기분이 상쾌하지 못하다. 생체 리듬에 맞추어 배변이 쉽게 이루어져야 하는데 갑작스런 아침 모임이나 환경 변화가 생기면 배변이 원활하지 않은 경우도 있고 만성 변비로 고생하는 경우도 많이 볼 수 있다.

여러 번 설명하였지만 사람을 포함한 동물의 배설물, 특히 분에는 10^8/gram 가량의 각종 병원균이 존재한다. 하지만 건강한 사람의 요에는 거의 병원균이 없다. 따라서 분을 어떻게 취급해야 하는지는 매우 중요한 문제이다.

분뇨 내에는 병원균 이외에도 유기물질과 질소, 인, 칼륨 등 각종 영양소가 포함되어 있다. 물론 이들을 불순물로 볼 수도 있지만 이를 적절히 잘 처리하면 농작물에 훌륭한 거름이 될 수 있다. 우리는 미래를 위해 분뇨를 그대로 버리는 방법보다는 자원화시키는 시대에 살고 있기 때문이다. 분뇨를 그대로 작물에 주면 분뇨 내의 유기물질이 분해되면서 토양 내의 용존산소를 고갈시켜 독가스를 내뿜어 작물이 죽게 될 수도 있으며 냄새도 좋지 않다. 따라서 작물에 주기 전에 유기물질을 먼저 분해시켜야 한다. 이를 위해 웅덩이 등에 장기

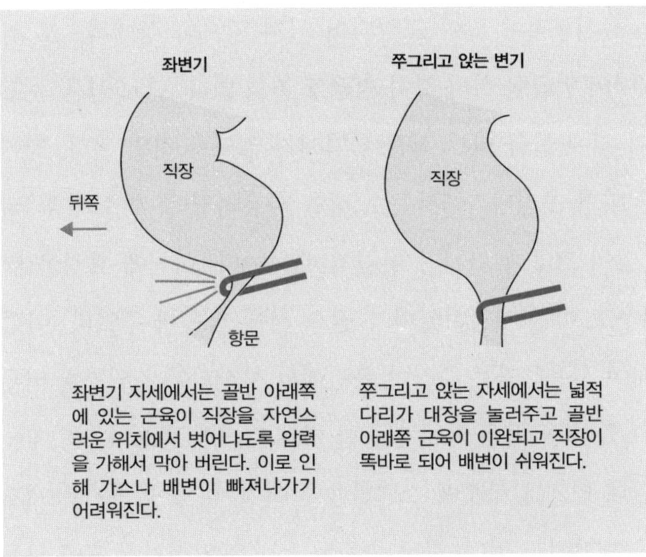

그림 3.3 쭈그리는 배변 방식의 장점

간 보관한 후에 사용한다.

유기물질은 미생물에 의해 분해되는데 용존산소(대기 중의 산소가 물속에 용해된 상태)를 이용해 분해되는 것을 호기성(aerobic) 분해라고 하며 용존산소 없이 분해되는 것을 혐기성(anaerobic) 분해라고 한다. 혐기성 분해에서는 최종 물질로 생물가스(CH_4와 CO_2가 주요 성분)가 생산되어 연료로 사용될 수 있으나 호기성 분해에서는 최종산물로 이산화 탄소와 물 그리고 열이 발생한다. 간단히 말해서 혐기성에서는 연료 자체가 발생하지만 호기성에서는 열 자체가 발생한다. 자료에 따라 다르지만 kg BOD 제거당 약 6000 kcal(COD 제거당으로는 3500 kcal)의 열이 생산된다. 하루에 약 2500 kcal의 에너지가 필요하다면 대략 400 g의 음식을 섭취하는 셈인데 분뇨로 20 g BOD가 배출된다면 95%가 소화된 셈이다.

오줌에는 유기물질이 많이 포함되어 있지 않으나 상대적으로 질소 농도가 높다. 또한 이미 언급한 바와 같이 병균도 거의 없다. 단지 염분 농도가 매우 높아 사용하기 전에 물을 타서 작물에 염해가 없도록 하면 된다. 앞에서도 이야기하였지만 과거 우리나라에서는 요강을 사용하였다. 변소가 집 뒤에 으슥한 곳에 있어 밤에 그곳에 가기가 어렵기 때문이다. 아침에 요강을 밖에 위치한 큰 통에 비우고 이를 저장하였다가 필요 시에 작물에 주었다. 이렇게 소변을 분리 저장하여 사용하자는 주장이 유럽에서 시작되어 스위스를 비롯해서 농촌에 보급되고 있다. 유럽은 이미 언급한 대로 수거식 변소가 거의 없다. 전부 수세식 변소인데 변기 앞부분에 소변만을 분리할 수 있게 변기를 개조하여 사용하는 방법을 제안하고 있다. 물론 수거된 소변은 일정기간 후에 사용처로 옮겨져야 한다.

분을 가지고 퇴비를 만들면 퇴비 과정에서 생산되는 열로 병원균을 죽일 수 있다. 온도가 높으면 높을수록 단시간 내에 병원균이 사멸된다. 온도와 접촉 시간이 중요하다. 약 200 g의 분과 1 L 가량의 요를 전부 혼합하여 온도를 높이기는 어려우므로 팽화제(bulking agent)를 사용한다. 팽화제는 과량의 물을 흡수하여 공기를 잘 소통하게 해주며 팽화제 자체가 분해되어 열을 올려주는 역할도 한다. 분과 요, 그리고 팽화제가 혼합되었을 때의 수분 함량은 60%가 적절하다. 만약 요를 분리시킨다면 팽화제 없이 분을 그대로 건조시키는 것도 한 가지 방법이다. 퇴비화 과정에서 공기가 잘 공급되면 온도가 60도 이상까지 올라간다. 이 과정에서 병원균이 죽어 온도를 낮추기 위해 퇴비를 뒤집어 준다. 그대로 방치하는 경우에는 화재도 발생한다.

공기를 차단시키는 혐기성 분해에서는 이미 언급한 바와 같이 CH_4와 CO_2 가스가 생산되어 연료로 사용할 수 있으나 가정 단위에 적용하기에는 어렵다. 각 가정에서 생산되는 분뇨를 수거하여 일정한 장소에서 처리하면 이용이 가능하다. 우리나라는 1960년대에 수만 기의 바이오가스 설비를 설치하였으나 추운 겨울 때문에 가스 생산이 성공적이지 못하였다. 또한 1990년대에 200개소가 넘는 분뇨처리장을 운영하였으나 현재는 크게 줄어들어 많지 않다. 수세화가 되면서 하수처리장에서 분뇨와 잡용수가 석인 물, 즉 하수를 처리하고 있기 때문이다.

새로운 기술들

빌게이츠 재단에서는 후진국의 분뇨 문제 해결을 위한 공모를 실시하여

1~2가구를 대상으로 사용할 때마다 0.05달러 이하의 비용이 드는 변소를 개발하는 데 앞장서고 있다. 외부로부터 수돗물이나 전기의 공급을 받지 않고 깨끗한 물이나 연료 등을 생산할 수 있는 기술을 공모를 통해 발굴하여 차세대 변소로 이용하는 계획이다. 2012년 8월 24일 35개의 시제품 중에 몇 개를 골라 집중투자하였다. 처음 사업을 시작한 후에 새로운 공법들이 추가되고 또 지원이 중단된 과제들도 있다.

이 중 1위를 차지한 미국의 칼텍의 Hoffman 교수는 태양광 발전을 통해 수소 가스와 전기를 생산하는 방법을 고안하고 있는데 기존 정화조의 월류수를 MF로 걸러 청소수로 사용하며, 생산된 전기는 저장하였다가 빛이 없는 야간에 이용하는 장치이다.

2위인 영국의 Loughborough 대학교의 Sohail 교수는 분뇨를 가지고 숯과 깨끗한 물을 생산하는 장치를 개발하였는데, 학술명은 수열탄화법(hydrothermal carbonization)이다. 이 방법은 하수처리장의 슬러지 처리에 이용되고 있는 기술인데 태양 집열판을 이용하여 분을 약 200도 부근에서 산소 없이 고압 하에서 10~20분간 가열하여 숯과 같은 물질로 만들어 연료로 사용하거나 토지 개량제로 이용하는 방법이다. 3위인 캐나다의 토론토 대학교의 Cheng 교수는 분뇨를 탈수한 후에 깨끗한 물과 자원으로 회수하는 장치를 개발하고 있다.

이 이외에도 스탠포드 대학에서는 열분해를 통한 생물학적 숯(biological charcoal)을 생산하는 방법을 연구중이며 스위스의 EWAG 연구소에서는 오줌을 분리한 후에 재생하여 세척수로 이용하고 나머지는 재생공장으로 보내어 자원으로 회수하는 방법을 고안하고 있다고 한다. 네덜란드의 델프트 공과대학에서는 마이크로파를 통해 CO + H_2가 혼합된 합성가스를 생산하는 노력을 하고 있다.

현재도 전 세계 10억 명 이상이 변소가 없거나 불량한 변소를 이용하기 때문에 빌게이트 재단을 통해 개발된 제품은 21세기에 새로운 혁명을 가져올 수도 있을 것으로 기대된다. 1596년 Harington에 의해 발명된 수세식 변소는 1775년 Alexander Cumming이 하수관으로부터 올라오는 냄새를 차단하면서 특허를 얻어 사용되기 시작하였다. 만약 수세식 변소를 사용하지 않는다면, 즉 건식 화장실이 보편화되었다면 상수 소요량이 20% 내외 감소되는 것은 물론 하수량도 줄고 오염 배출량도 1/3~1/2로 감소되었으리라는 계산이다.

분뇨와 물이 혼합된, 즉 수세식 변소로부터 나오는 물을 블랙워터(black water), 즉 폐수라고 하고, 나머지를 가정 잡배수(gray water)라고 한다. 가정 잡배수는 화장실 이외의 부엌이나 세탁 및 목욕물 등을 칭한다. 수세식 변소가 아닌 재래식 변소는 땅을 파고 웅덩이를 만들어 사용하다가 분으로 꽉 차면 다른 곳의 땅을 파서 변소를 옮기거나 분뇨를 수거하여 다른 곳으로 옮긴다.

이미 언급한 바와 같이 분뇨 내에는 병원균을 비롯해 각종 미생물들이 서식하고 있으며 잡배수에도 상당한 먹이가 있어 미생물들의 온상이 되고 있다. 이러한 물이 흐르며 우물을 오염시킬 수도 있고, 수원으로 보호하여야 할 저수지나 하천을 오염시킬 수도 있어 주의하여야 한다. 하수도 처리대상이지만 우선적으로는 우리 생활과 화장실이 밀접하게 연결되어 있기 때문에 분뇨에 대해서만 이야기하고 하수는 이 책에서 깊게 다루지 않을 것이다.

표 2.1에는 물의 용도에 따른 수질과 사용량이 소개되어 있다. 수세식 변소

를 사용하지 않으면 하루에 한 사람당 사용하는 물은 먹는 물 2리터, 주방 및 세면을 합쳐 10리터 안팎에 불과하다. 여기에 pour flush 변소를 사용하면 다시 10리터가 증가된다. 따라서 최소한의 물 소요량은 10~20리터인데 편리한 생활을 하다 보면 100리터를 쉽게 넘는다. 나라마다 목표로 하는 물 사용량(설계 및 계획)이 다른데 140~180리터가 보편적으로 사용되는 양이다.

변소의 형태와 관리

• 건식 화장실

건식 화장실은 물기가 빠진 변을 말하는 것이 아니라 우리나라 재래식 화장실처럼 물을 사용하지 않는 변소를 말한다. 수세식 변소와 차별화시킨 변소로, MDG 사업으로 수행되는 것 중의 대표적인 것이다. 건식 화장실이라도 회교권이나 이슬람권에서는 일을 본 후에 뒤를 물로 닦기 때문에 소량의 물은 들어가기 마련이다. 또한 저장 용기를 어떻게 설치하느냐에 따라 다르겠지만 땅을 파서 만든 웅덩이에 분뇨를 저장한다면 자연히 물이 토양 내로 침투할 것이다. 벽돌로 만든다고 하더라도 틈새로 물이 빠져나갈 것이다. 인구가 조밀하지 않은 곳에서는 괜찮지만 인구가 많고 인근에 우물이 있는 경우에는 수밀성 구조물이어야 할 것이다. 우물과의 거리는 최소한 17~30 m 이상 거리를 두어야 하며 저장 용기는 지하수위보다 높아야 한다. 물에 잠기면 병원균과 각종 오염물질이 이동하기 때문이다.

분뇨 저장 용기는 일반적으로 두 개를 놓아 double pit라고 부른다. 첫 번째 용기가 다 차면 나머지 새것을 사용한다. 변소 상부를 옮겨 놓거나 넓게 만들어 양쪽을 교대로 사용하는 방법이다. 장기간 저장된 분뇨는 농업에 이용 가능하기 때문이다. 또한 변소 내에 자연 환기가 되게 한 변소를 VIP(ventilated improved pit latrine)라고 부른다. 서울 서북쪽의 일산 호수공원에 가면 변소의 역사를 한눈에 볼 수 있다

Dry pit의 크기는 1인당 1일 소변 1리터, 대변 0.2리터, 합계 1.2리터 정도를 기준으로 결정되는데 사용 후에 매립시키지 않고 청소를 하는 경우에는 연

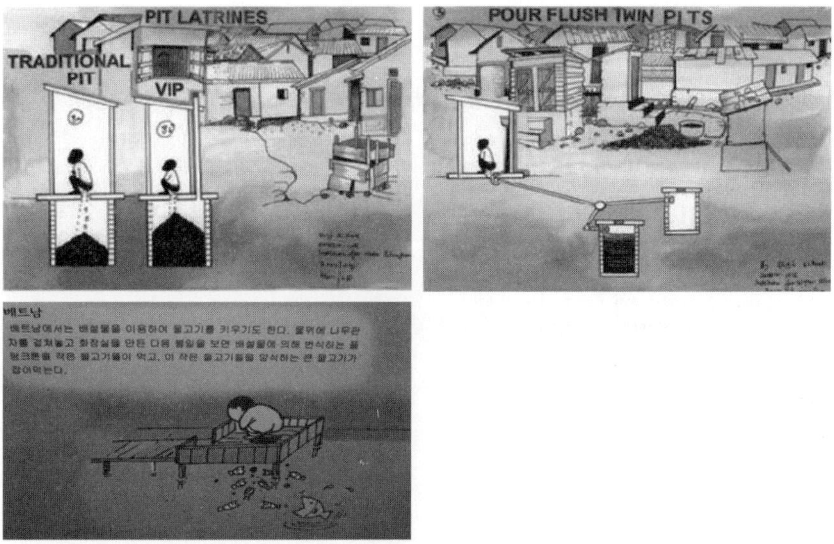

그림 3.4 건식(dry latrine)과 습식 변소(flush toilet)

건식 변소로는 웅덩이를 파서 사용하는 경우도 있고 일정한 용기를 설치하는 경우도 있다. 웅덩이를 파는 경우에는 변소가 차면 메우고 다른 곳으로 다시 웅덩이를 파서 사용한다. 용기를 사용하는 경우에는 청소하여 사용하던 변소를 계속 이용한다. 수세식 변소는 청소액을 땅속으로 흡수시키는 것이 일반적인 방법이다. 두 개를 만들어 한 곳이 꽉 차면 이용을 중지하고 다른 한 곳을 사용하는 방법이다. 인도에서 많이 사용한다. 분뇨로 물고기를 기르기도 한다.

1~2회가 적절해 보인다. 과거 우리나라에서는 변소가 차면 이를 청소하여 일정한 곳에 큰 웅덩이에 모아 두었다가 농업용으로 사용한 경험이 있다. 이러한 농지 환원 방법은 회충이나 촌충 등의 문제로 보건당국에 의해 사용이 금지되었다. 또 인구 증가 등으로 자연적으로 줄어들어 현재는 거의 사용되지 않고 있다. 그러나 일본 등지에서는 지금도 사용되고 있다. 분뇨를 장기간 저장하게 되면 회충 등이 가라앉게 되고, 유기물질도 분해 속도는 더디지만 분해되고 상부의 스캄(scum: 물에 뜨는 물질)은 햇볕에 의해 건조된다. 심지어 상부에는 식물도 성장하여 웅덩이 내부는 혐기 분해가 이루어진다(그림 3.5 참조). 이렇게 분해된 물질은 비료로 사용할 때에 생 분뇨를 이용할 때보다 매우 안전하다. 1980년대에 서울시 한강 하류인 개화동에는 매우 큰 규모의 웅덩이인 라

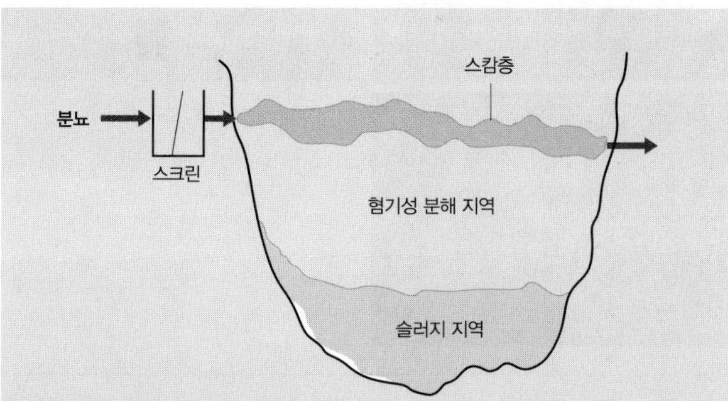

그림 3.5 혐기-저류조(anaerobic lagoon)의 기능과 효과

표면에 형성된 두꺼운 거품층으로 라군의 내부는 혐기성이 조성되어 유기물이 분해되어 가스가 생성된다. 이 가스는 비교적 약한 거품층을 밀고 올라온다. 거품층은 자연 건조되며 식물이 성장하게 된다.

군(lagoon)이 설치되어 당시의 문제인 분뇨와 정화조 청소액(septage)이 운반 저장되었다(그림 2.1 참조). 당시 저장기간은 60일 가량으로 추정되는데 이를 농경지에 1dry ton/ha/yr(NEPI 4, 241-246, 1982) 정도 사용하더라도 문제가 없는 것으로 연구되었다(참고 자료: 1990년경에 일본 후지산을 방문하였는데 이곳에서 분뇨를 웅덩이에 저장하여 부숙시킨 후에 거름으로 사용하고 있었다.). 중국에서는 분뇨를 가지고 물고기를 사육하는 것으로 알려지고 있으며 이 방법은 인도, 태국 등지에서도 사용하고 있다. 물고기에 직접 분뇨를 주기보다는 웅덩이를 두 개 이상 설치한 후에 먼저 웅덩이에 분뇨를 넣고 개구리풀(duckweed)을 길러 이를 다음 웅덩이의 물고기에게 주는 방식이다.

건식 화장실의 저장 용기가 차게 되면 이를 수거하여 현대적인 방법으로 처리할 수 있는데 이렇게 처리한 예가 우리나라 분뇨종말처리장이다. 2000년 초기에 약 200개소가 있었으나 하수처리장이 건설되면서 이제는 그 숫자가 많이 줄었다. 이를 처리하는 방법으로 혐기 또는 호기성 처리 방법으로 미생물의 분해에 의한 정화 방법이다.

분뇨를 거름으로 이용한 예는 현재 구미 각국에서는 거의 볼 수 없다. 1850년경의 콜레라 전염병 이후에 변소를 수세화하기 시작하였기 때문이다. 하지만 동양에서는 중국과 일본을 비롯해서 우리나라에서도 활발하게 이용되었으나 화학비료 사용으로 그 이용이 감소되고 있다. 하지만 화학비료 문제(토양의 산성화와 토양의 유기물질 부족)로 다시 유기농법이 각광을 받으며 사용 가능성이 증대되고 있다. 특히 물이 없거나 부족한 형편에 수세식 변소를 구태여 고집할 필요가 없기 때문이다. 따라서 건식 화장실을 사용하여 분뇨를 재활용하는 것도 사용 가능한 방법임에는 틀림없다.

우리나라는 과거에 오줌을 수거하여 농업에 이용하였는데 이를 위한 각종 용기를 그림 3.6에 나타내었다. 북유럽에서는 오줌을 이용하기 위해 수세식 변소에 오줌을 분리하는 장치를 사용하는데 이를 함께 나타내었다. 오줌을 분리하면 냄새가 나기 마련인데 높은 pH에서 암모니아가 분출되기 때문이다. 수세식 변소에서 오줌 분리는 이상적으로는 대변 시에만 세척수를 사용하고 소변 시에는 세척수를 사용하지 않기 때문에 물 사용량도 감소시킬 수 있는 가능성이 있다. 소변 배출은 자연유하식이기 때문에 분리 저장에 큰 어려움이 없다. 다른 문제는 과연 소변을 거름으로 사용하고자 하는 농부가 많은가 하는 것이다. 축산폐수는 엄밀히 말하면 가축의 오줌이다. 이것도 잘 활용이 안 되는데 사람의 소변을 모아서 사용한다는 것은 현실적이지 못하다고 할 수 있다. 이를 위해 소변으로부터 비료 성분만을 회수하는 기술도 개발되고 있다. 소변 내에 질소와 인을 함께 침전 회수하는 스트루바이트(struvite) 공법인데 오줌 그대로를 사용하는 것이 경제적이다.

변소 문화는 인류의 역사와 함께한다. 사람은 화장실에서 큰 자유를 느끼는 것 같다. 따라서 '휴게소(rest room)'라는 명칭부터 '해우소(解憂所)'라고 하여 걱정을 풀어내는 곳이라는 이름으로도 불리고 있다. 냄새 나는 변소를 집 뒤에 설치하여 '뒷간'이라고도 불렀다. 각종 귀신과 도깨비가 나온다고 하여 밤에는 가기 어려운 곳이었으나 하루 일과를 생각하고 정리하는 곳이기도 하다. 집 안에 들어와 깨끗한 수돗물로 씻어내는 현재의 수세식 화장실은 문자 그대로 집 안에서 개인적인 자유를 누리는 은밀한 휴게소가 되었다.

그림 3.6 우리나라에서 사용하던 분뇨 이용 관련 기구들
(일산 화장실 역사 전시관)과 수세식 변기의 소변 분리 장치

• 수세식 변소

수세식 변소의 역사는 매우 길다. 13~14세기 수도원이나 이슬람사원에 이미 수세식 변소가 있었다고 한다. 수세식 변소를 사용하려면 물이 있어야 하

는데 펌프가 사용되기 이전에는 물을 길어와야 하였기 때문에 일반화되기는 어려웠다. 19세 말까지도 대부분의 농촌에는 변소가 없었고 도시에도 공중변소가 있을 뿐이었다. 가정에서는 돌출 창을 통해 용변을 본 후에 아래 길거리에 그대로 버리는 상태였다고 한다. 따라서 길거리는 온통 분뇨와 가축 분으로 냄새가 났다고 한다. 물도 더러워 맥주가 탄생하였고 냄새 때문에 향수가 발명되었다고도 한다.

한편 루터의 종교개혁이 착상된 곳도 냄새 나는 화장실이었다고 한다. 그는 그곳에서 마귀와 논쟁을 벌이기도 하였다. 오늘의 변소는 냄새도 없어 책도 읽고 휴식도 취하는 새로운 문화의 터전으로 변화되고 있는데 여기에 다시 냄새 나는 그 무엇이 필요하다고 할 때에 이를 수용하기는 어려울 것으로 보인다. 하지만 우리의 미래를 위해서 그 어떤 변화가 필요할 것이라는 데에는 동의할 것이다.

17~18세기는 인간과 동물이 함께 사는 시기였으며 사람들은 보이는 곳만 씻고 몸을 제대로 씻지 않아 루소는 목욕을 강조하였다고 한다. 당시 가장 문명 국가였던 중국도 마찬가지였던 것으로 생각된다. 문명의 발상지인 인도를 가 보면 지금도 변소가 없는 곳이 너무 많다. 수세식 변소를 사용한 것은 그리 먼 이야기가 아니다. 동서양을 막론하고 화학비료가 대량 생산되기 이전에는 가축과 인분이 'liquid gold'였기 때문이다. 수세식 변소가 개발된 후에도 물이 부족하고 또 이를 설치하더라도 하수도가 없어 문제가 되어 거의 사용이 어려웠다.

1850년경 콜레라로 수만 명이 죽은 후에 변소에 대한 인식이 변하기 시작하였다. 또한 펌프가 개발되고 하수도 시설이 제대로 설치되면서 보급도 활성화되기 시작하였다. 도시가 형성되어 사용하는 물의 양이 많아지면 하수관거는 필수적이었다. 하수관거는 AD 100년경 로마 시대에 설치되기 시작해서 유럽의 대도시에 설치되었는데 비엔나에 설치된 것은 1739년이었다. 영화 “the third man”이 비엔나 하수관거에서 촬영된 후에 지금 이곳은 관광명소가 되었다. 파리 하수관거는 “장발장”으로도 더욱 유명해진 곳이다. 유럽 각 도시는 이러한 큰 하수관거를 통해 모든 것을 씻어 하류로 보냈다. 현재는 물론 하수를 처리하지만 19세기 말까지 거의 처리 없이 흘려보냈다. 따라서 19세기 중반 템즈 강의 투시도는 불과 3 cm에 불과하였다고 한다. 이 물을 정화하기 시작한 것은 1850년경 콜레라 사건 후에 Snow 경에 의해서이다. 이것이 현대적 하수처리의 시작이었다.

한편 에콰도르는 스페인에게 오랫동안 지배를 받던 곳인데 대부분의 도시에 하수처리장은 없으나 변소(외곽지대는 관거시설이 없다)는 수세화되어 있어 막히지 않고 배수하는 것을 보면 이곳 하수관거는 매우 잘 설치된 것으로 보인다. 우리나라는 정화조를 거친 후에야 배출할 수 있는데 이곳은 정화조가 보이지 않는다. 키토(Quito) 시는 약 100 km 이상(직선거리) 떨어진 아마존으로부터 물을 가져와 정수 처리하여 급수한다. 이곳 대부분의 도시들은 높은 산악 지역에 위치하고 있는데 물이 흐르는 계곡은 매우 깊고 접근이 용이하지 않다. 키토 시는 높이 2800 m 가량에 위치해 있으며, 하류로 물이 흐르는 기간에 하수가 정화될 가능성도 있지만 평야 지역에서는 삶의 질이 많이 떨어지는 것으로 알려져 있다. 이것이 상류로부터 버린 하수 때문이라고 할 만한 자료는 찾지 못하였으나, 하수를 타고 하류로 이동된 병원균이 이 지역의 삶의 질에 큰 영향을 준다고 생각된다. 병원균은 4개월 이상이 되어야 어느 정도 사멸되는데(그림 2.4 참조) 2800 m의 높이에서 100 km 정도 떨어진 평지까지 가는 데에는 그리 오랜 기간이 필요하지 않기 때문이다.

우리나라에서도 가끔 해안 지방에서 수인성 전염병이 발생하는데, 환경과학원(과거 환경연구원)의 수질부장을 지내고 원장을 거쳐 은퇴한 유재근 박사는 그 원인이 바로 하수처리의 미흡 때문이라고 말한 기억이 난다. 1969년 피터 브리그스의 "물-생명의 기원"(정음사, 최영박 번역)을 보면 미국 역사에 대한 이야기로 전쟁 중에 죽은 사람의 대부분이 물로 인한 병원균 때문이라고 기록되어 있다. 로마인은 우물을 파고 지하수로 이집트 사막을 옥토로 만들었지만 지하수 충전을 하지 않아 물이 고갈되었다고 한다. 로마인들은 거대한 수로망(Cloaca Maxima)을 통해 거대한 도시의 오수를 캄파냐(Campagna) 평야로 보내 늪지가 조성되었는데 장티프스와 말라리아의 발생원이 되었고 로마의 패망의 원인이 되었다고도 한다. 또한 1841년 리버풀과 맨체스터 시민의 평균 수명은 26세였는데 그 이유는 대부분 먹는 물의 콜레라 때문이었다고 한다.

이 책의 출판을 위해 원고를 보고 있는데, 현재 2016년 9월 거제도 인근에서 15년 만에 콜레라 환자가 발생하여 방역당국을 당황케 하고 있다. 하수처리도 잘하고 있어 오염된 배에서 흘러나온 평형수(배의 균형을 잡기 위한 물)에 기인하지 않았나 생각중인 것 같다.

분뇨의 이용/퇴비 변소 (compost toilet)

표 3.1은 일상생활로부터 배출되는 오염물질의 양을 나타내고 있는데 하수 내의 유기물질의 약 60%가 분뇨에 기인하며 질소는 97%, 인은 90%가 분뇨로부터 기인한다.

분뇨 내의 오염물질의 양으로 유기물질인 COD는 1인당 1일에 80~120그

• 표 3.1 일상생활로부터 배출되는 오염물질의 양 •

항목	g/capita/d	하수(%)	뇨(%)	분(%)
COD	80~120	41	12	47
N	6~12	3	87	10
P	1~2	10	50	40
K	5	34	54	12
Cl	10	5	85	10

(Estimated from those of EcoSan, Korean practices and WHO 1992)

램(BOD로는 40~60그램)이다. 질소의 함량은 12그램 정도인데 대부분 오줌으로부터 기인한다. 오줌의 질소 함량은 육류 섭취에 따라 상이한데 1990년도 이전의 우리나라 분뇨의 질소 농도는 대략 5000~6000 mg/L였는데 하루에 물을 약 1.5리터 먹고 그중 1리터가 배출된다면 한 사람당 질소 약 6 g을 배출하였다고 추정할 수 있다. 하지만 최근의 하수의 질소 농도를 보면 30~40 mg/L로 하루 물 사용량을 300리터로 할 때 거의 12 g의 질소가 배출되는 것으로 보인다. 이렇게 질소 함량이 증가한 것은 생활이 윤택해지며 동물성 단백질의 수요가 증가한 것이 이유로 보인다.

20세기 전까지는 대부분 변소 시설이 없었던 것으로 추정된다. 특히 수세식 변소는 보기가 어려웠다. 분뇨는 농업용 거름으로 사용되다가 비료 사용이 확대되면서 사용이 제한되었다. 기생충 감염 가능성이 높고 전염병 전파가 강하다는 생각 때문이었다. 하지만 21세기에 들어오면서 미래의 인구 증가와 자원의 고갈이라는 측면에서 분뇨는 또 하나의 자원으로 생각되고 있다. 이미 언급한 바와 같이 1인의 분뇨로 작물을 재배하면 한 사람이 연간 필요한 곡물 250 kg을 수확할 수 있다고 한다(Drangert, 1998).

지구는 기후 변화라는 어려운 문제를 겪고 있다. 이산화 탄소가 문제라고 하는데 분뇨를 수세화시켜 하수를 처리하는 과정에서 에너지를 소모하고 이산화 탄소를 생산하는 대신 영양분으로 우리가 사용할 수 있는 농작물로 환원이 가능하다면 아주 좋을 것이다. 이러한 개념은 실제 생태 농장 2(Biosphere Farm 2)라는 실제 실험에서도 가능한 것으로 나타나고 있다(Nelson, 2014). 이에 기초하여 물-농업-에너지를 종합하는 실제 사업이 각광을 받고 있다.

분뇨를 적극적으로 쉽게 이용하는 방법이 퇴비이다. 분뇨를 발효조에 넣고 발효시키면 자체 열로 미생물이 사멸한다. 이러한 조건을 맞추기 위해 수분 조절이 필요한데 수분 함량이 60% 정도이면 알맞다. 실제로 오줌 때문에 수분이 너무 많게 되면 분뇨가 물에 잠겨 혐기 상태가 되어 냄새가 심하다. 따라서 수분 조절용 팽화제로 톱밥이나 왕겨 등 농업부산물을 넣어 사용한다. 수분 조절을 통해 호기성 미생물의 활동을 증가시키는데 팽화제는 공기 흐름의 통로 역할도 만들어 준다.

퇴비 변소는 매우 긴 역사를 가지고 있다. 1860년경 영국의 Henry Moule 목사는 퇴비화 변소를 개발하였다. 당시 창궐하던 콜레라가 변소로부터 시작된다고 가정하여 개발한 이동식 변소이다. 그림 3.7에서 보는 바와 같이 평범한 의자에 구멍을 뚫어 앉아서 배변을 보고 그 후에는 의자에 붙어 있는 손잡이를 돌려 보관된 흙과 재를 배설물 위에 붓도록 설계되었다. 'Water closet is a savior'라고 주장하며 이 변소를 보급하였다. 분뇨 통이 차면 외부로 운반하여 처분하는 방법으로 물을 전혀 사용하지 않는 반면에 흙과 재를 이용하는 불편함이 있었다. 물이 모자라고 비료가 필요한 지역에는 안성맞춤이다.

배설된 분뇨를 그대로 놓아두면 용존산소가 없어 혐기성 분해가 진행되어 냄새가 나므로 공기가 잘 통하도록 볏짚, 톱밥, 나무껍질, 흙 등과 같은 물질로 섞어 주면 수분이 흡수되고 그 사이로 공기가 통하여 호기성 분해가 일어난다. 이 과정에서 생성되는 열로 병원균이 죽게 된다. 병원균이 우리 몸에 들어오면 체온이 38℃ 이상으로 올라가는데 그 이유는 병원균을 죽이기 위한 우리 몸의 자체 방어 기능 때문이다. 따라서 퇴비화 과정에서는 이 온도보다 높은

그림 3.7 Henry Moule의 퇴비 변소

19세기 중엽 런던에서 콜레라에 의해 수만 명이 사망하였다. 당시 변소는 별도로 없었는데 도시에서는 집에 돌출창을 설치하여 용변을 아래 길가로 버렸다고 한다. 의자 밑에 구멍을 뚫고 변을 해결한 것으로 보이는데 Henry Moule는 의자 밑에 통을 가져다놓고 용변 후에는 흙과 재를 뿌려 용기가 차면 외부로 반출하는 현재의 퇴비 변소를 고안하였다. 당시 영국의 템즈 강은 극도로 오염되었다고 한다.

50~60도의 온도로 유지시킨다. 물론 이 온도보다 높아 화재가 발생하는 경우도 있어 온도를 내려 주기 위해 혼합을 시키면 온도도 내려가고 공기도 공급되고 미처리된 분뇨와의 혼합도 시켜 주는 효과도 얻게 된다. 60도 이상이 되어도 생존하는 미생물이 있지만 우리가 이용하는 미생물을 보호하고 또 병원균을 죽이기 위해서는 40도 이상 60도 이하로 유지하는 것이 좋다. 이미 언급한 바와 같이 여기서 사용한 톱밥 등을 팽화제 또는 컨디셔너(conditioner)라고 부른다. 이 물질들도 퇴비화 과정에서 분해가 되며, 열도 발생하고 발생된 열이 외부로 발산되지 않도록 하는 단열재 역할도 한다. 자연은 매우 신비롭게 구성되어 있다. 가을이 되면 낙엽이 떨어지고 겨울에는 눈이 온다. 이러한 과

정에서 가을에 떨어진 낙엽을 가지고 낙엽 위에 내린 눈을 지붕 삼아 미생물은 호기성 분해를 시작한다. 또 열을 발산시켜 땅속의 생물체를 보호하고 봄에 다시 새싹을 돋게 한다. 분해된 낙엽은 새싹을 위한 거름이 되는 것이다. 우리는 이것을 '부식토(humus)'라고 부른다. 바로 퇴비이다.

모든 조건이 잘 구비된 퇴비화 시설에서 퇴비를 만드는 데는 불과 1주일 정도 소요되며 안정화시키는 데 약 20일, 합계 1개월 정도가 걸린다. 즉 분뇨 내의 유기물질을 제거시키는 데는 약 1주일이 소요되나 이를 농토에 주기 전에 부숙시키는 기간이 필요한 것이다. 농작물은 항상 퇴비가 필요한 것이 아니다. 처음 파종하기 전에 필요하기 때문에 우리나라의 경우 이러한 거름은 늦가을에 농경지에 뿌린 후 겨울이 지나면 이를 흙과 섞어 사용한다. 따라서 지역에 맞게 퇴비 생산 과정을 조정하면 좋을 것으로 보인다. 분뇨뿐만 아니라 가축분뇨, 농업부산물과 음식찌꺼기도 함께 퇴비를 만들 수 있는 것은 물론이다.

가정집과 같이 제한된 공간 내 퇴비 변소를 설치하는 것은 쉬운 일이 아니다. 퇴비 변소를 사용하는 대표적인 나라가 북유럽의 나라들이다. 이 지역은 인구밀도가 낮아 하수도 시설을 하기 어렵고 또한 자연에 대한 배려가 크기 때문이다. 생명 중심이나 생태 중심 사상이 시작된 곳도 이 지역이다. 1~2층 집에 이 변소를 설치하여 불편 없이 사용하고 있다. 톱밥을 팽화제로 사용하는데 냄새도 없고 불편도 없다.

우리나라에서도 공원 등지에서 퇴비화 변소를 쉽게 찾아볼 수 있다. 공원 등지에 하수관거가 없는 곳에 설치되는데 대부분 냄새가 심하다. 주로 플라스틱 재질로 만들어진 변소에는 태양광 발전으로 환풍기가 달려 있는 곳도 있으나 자연 환풍으로만 유지하는 곳도 있다. 냄새는 팽화제가 적고 소변이 많기 때문이다. 특히 소변에는 암모니아가 많아 이것이 휘발하여 방출되면서 냄새가 많이 나게 된다. 오래된 이야기인데 북한산에 북유럽에서 설치된 것과 유사한 퇴비 변소를 설치하였는데 제대로 작동되지 않는다고 담당직원이 상의하러 온 적이 있었다. 가장 큰 문제는 퇴비 변소의 사용 인원이었다. 많은 사람들이 사용하기 때문에 팽화제가 물에 잠겨 기능을 할 수 없었기 때문이었다. 팽화제는 수분을 흡수해서 수분 함량이 약 60% 정도여야 발효되기에 적절하다. 또한 분해 과정에서 생산되는 열은 수분을 증발시킨다. 만약 수분이 너무 많으면 혐기성 분해가 형성되어 분해 기간이 길어진다. 퇴비 변소는 배출구가 따로 없이 퇴비를 걷어 내는 것이 전부이나 혐기성 분해 과정에서는 처리된 물이 배출되도록 하여야 한다.

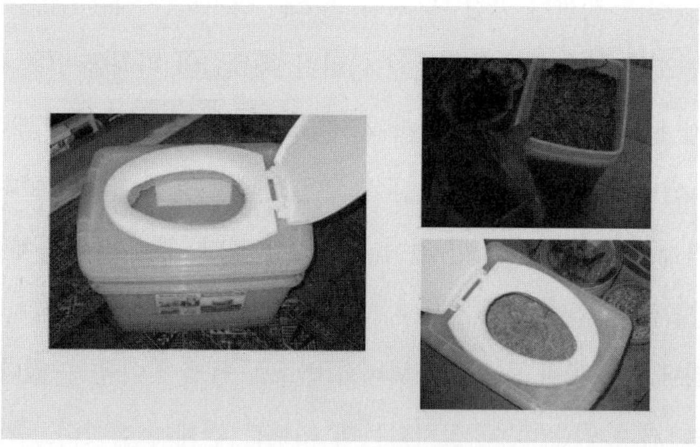

그림 3.8 개인용 퇴비화 변소를 이용한 연구 장면

우리나라 고속도로에는 휴게소가 있다. 휴게소의 기능은 다양하지만, 화장실의 기능도 빼놓을 수 없이 중요하다. 주로 소변 문제를 해결하는 사람들이 많은데, 아주 오래전에는 이 소변들을 별도의 용기에 담아 수거해 가는 일이 있었다. 소변으로부터 유용한 물질(혈압 강하제로 기억된다)을 회수하기 위한 것이었다. 그 후에 이러한 수거는 중지되었는데(아마 냄새 때문에 중단되었을 것으로 보인다) 휴게소로부터 나오는 분뇨는 대부분이 소변이라 이를 퇴비 변소로 처리하지는 못하고 있다. 특별한 생물학적 처리방법을 사용하고 있는데 탄소 함량에 비해 질소 농도가 매우 높기 때문이다.

중국의 황산에 가면 일본에서 설치한 냄새 없는 변소가 있다. 많은 사람들이 찾는 곳이기 때문에 퇴비 변소 10여 개가 나열되어 있다. 냄새가 없는 것으로 보아 유지 관리가 잘 되는 것으로 보인다. 미국의 공원에 가면 종류가 다른 특이한 변소가 있다. 좌변기이기는 하지만 구멍이 아주 크고 변소가 아주 깊다. 냄새가 좀 나기는 하지만 우리나라 재래식 변소와 다름이 없고 깊이가 매우 깊게 설계되어 있어 혐오감을 덜 준다. 에티오피아 변소도 매우 깊다. 변소를 깊게 하면 오래 사용이 가능하며 혐오감을 덜 주나 지하수 오염에 주의가 필요하다. 중국 황산의 변소 시설에서 왜 냄새가 없었는지는 확인하지 못하였는데 아마 환기통을 높게 설치하였기 때문으로 생각된다. 환기통을 높게 설치하면 냄새가 이 통을 통해서 대기로 희석되며 날아가 버리기 때문이다.

현대적인 퇴비화 변소

자연적이거나 인위적인 혼합 대신에 기계적인 혼합을 하며 또한 필요한 온도를 유지시켜 주는 현대적인 퇴비 변소도 있다(최의소외, 2003). 기계적인 혼합은 타이머를 설치해 필요할 때만 하게 하고 온도는 날파리 등이 성장하는 낮은 온도를 피해 30~60도(하부는 30도, 상부는 60도)로 자동온도 조절장치로 전기로 가열하여 운전하는 방법이다. 변소의 크기는 5인 가족용으로 전체 용량은 약 450리터이나 실제 퇴비 반응조는 230리터 정도이다. 길이는 115 cm, 깊이 85 cm, 폭 50 cm이다. 톱밥을 약 20~30 cm 채운 후에 사용하도록 설계되었다. 톱밥이나 분뇨 모두 건조 무게 kg당 약 10000 kcal였다. 최종 퇴비의 pH는 8을 약간 상회하였고 운전 40일 후의 C/N비는 20 정도였다. 톱밥은 1 L에 약 0.5 kg의 무게이다.

분뇨 5 L 주입시에 증발에 필요한 에너지인 670~890 kcal/L로부터 평균치 700 kcal/L를 사용하면 3500 kcal이다. 전기로 이를 공급한다고 하면 효율을 80%로 볼 때에 3500/(1000×0.8) = 4.4 kwh이다. 실제로 측정된 전기 소요량은 3.2 kwh이다. 증발에 필요한 전기의 약 70%이다. 30% 이상이 분뇨와 톱밥의 분해에 의해 충당된 에너지이다. 실제로 퇴비 변소 자체로부터도 열이 발산되어 손실된 부분이 있기 때문에 이를 고려하면 자체 충당된 에너지는 더 클 것으로 보인다. 분뇨 자체만으로는 약 0.76 kwh의 에너지가 조달된 것으로 추정된다.

이러한 현대적인 퇴비화 변소가 농촌진흥청을 통해 상수원 보호구역에 설치되고 있다. 남녀화장실이 별도로 설치되고 있으나 발효조(퇴비화 반응조)는 함께 사용한다. 폭은 1.2 m 내외, 깊이와 폭은 약 50~60 cm 내외로 보이며 밖은 스테인리스 철판의 구멍들을 통해 팽화제에 흡수 후에 남는 소변이 아래에 모이도록 한 구조이다. 혼합기는 간헐적으로 작동하도록 설치된다. 전문 업체가 팽화제를 갈아 넣고 퇴비를 가져가고 하는 역할을 담당하고 있는데 퇴비 반출

그림 3.9 현대적 퇴비화 시설의 구조 (가정용)

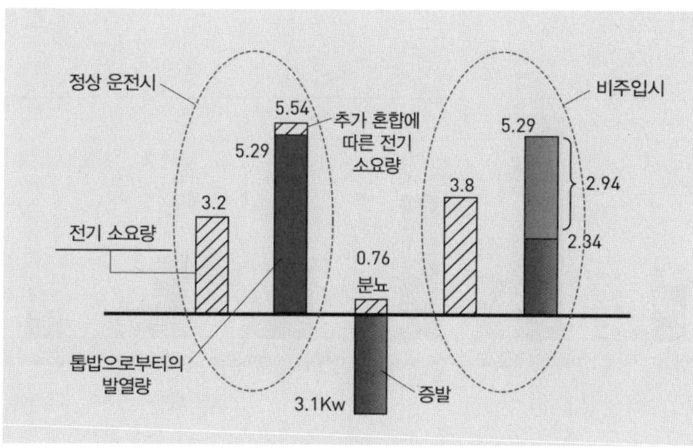

그림 3.10 퇴비 변소에서의 에너지 균형을 통한 기능분석 결과

량은 얼마 되지 않는다고 한다. 반출된 퇴비는 다시 가공해 조경용 등으로 활용한다고 한다. 이러한 퇴비 변소는 냄새가 거의 없는데 그림 3.11은 농촌진흥청에서 재래식 변소와 비교한 자료이다.

이러한 퇴비 변소가 지하철역에 설치되어 있다고 생각하는 사람은 많지 않을 것이다. 지하철 운전기사는 한번 운전을 시작하면 변소 갈 틈도 없이 종착역까지 가야만 한다고 한다. 종착역에서 누군가와 교대를 하지 않는다면 어디선가 개인문제를 해결하여야 할 것이다. 그곳이 바로 종착역에서 열차를 다시 되돌려오는 곳으로, 전기는 있으나 물이 없어 이곳에 현대식 퇴비 변소를 설치하여 운영하고 있다.

서울의 종로 3가역과 하늘공원(난지도 쓰레기 매립장을 공원으로 조성한 곳)에는 또 다른 특이한 변소가 설치되어 있는데, 바로 거품 화장실이다. 대소변기에 거품을 뿜어서 냄새를 덮게 한 변소이다.

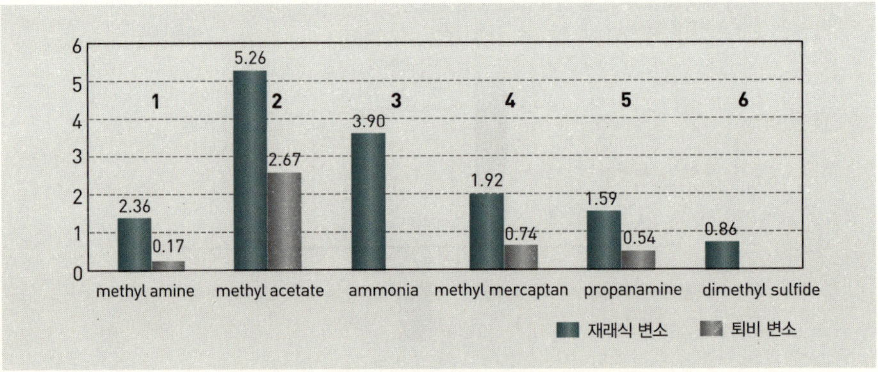

그림 3.11 퇴비 변소와 재래식 변소의 냄새 비교

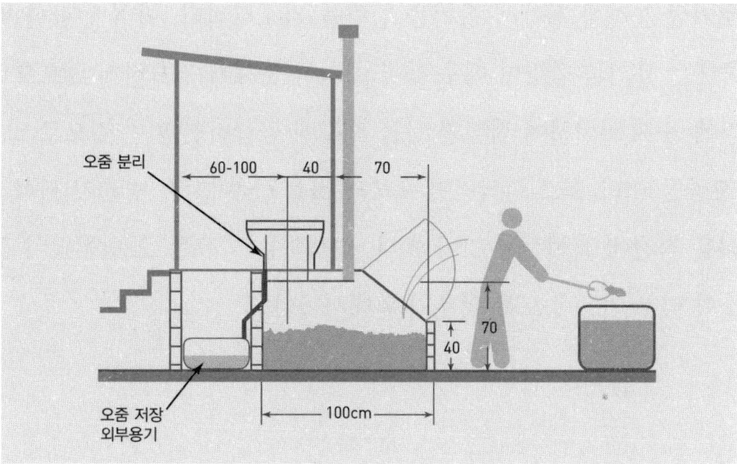

그림 3.12 퇴비화 변소의 실제의 설립 예(캄보디아 iWc 제공)

iWc(innovative water center)는 우리나라 미래부에서 캄보디아에 세운 센터로 수질 관련 연구개발과 보급을 목적으로 하고 있다.

액비 – Liquid compost

액비는 문자 그대로 분뇨를 액체 그대로 발효시켜 비료로 사용하는 방법을 말한다. 이미 설명한 바와 같이 우리나라나 일본에서는 재래식 변소에 저장된 분뇨를 농경지 가까운 곳의 웅덩이에 저장하여 거름으로 사용하였다. 일종의 액비인 것이다. 호기성으로도 만들 수 있는데 이때에는 팽화제의 도움 없이 공기를 분뇨 내에 공급하여 분해시킨 다음에 이용하는 것이다. 분뇨를 혐기성이나 호기성으로 분해시키는 이유는 분뇨 내에 많은 유기물질을 그대로 작물에 주입하면 미생물이 유기물질을 분해하는 데 많은 양의 산소를 필요로 하므로 작물에 산소 공급이 여의치 않아 죽게 되기 때문이다. 따라서 미리 혐기성이나 호기성 분해를 통해서 유기물 함량을 감소시킨다. 이미 언급한 바와 같이 오줌에는 유기물 함량이 매우 적어 이러한 분해가 필요하지 않으므로 사용하기 전에 물로 희석하여 적절한 양을 작물에 공급하면 되는 것으로 알려지고 있다. 오줌을 미리 물로 희석하면 오줌의 pH가 낮아져서 병균이 서식 가능하므로 사용 직전에 희석하는 것이 좋다. 희석하는 이유는 오줌에 많이 들어 있는 질소와 염소 이온 농도를 낮추기 위해서이다.

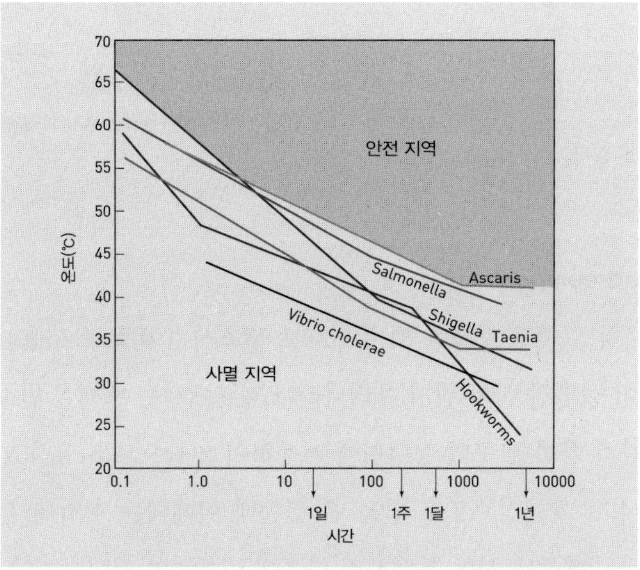

그림 3.13 퇴비화 과정에서 병원균을 사멸시킬 수 있는 온도와 접촉 시간
(Thermal disinfection requirements for various pathogens (from Featchem et al, 1983)

정화조-Soaking pit과의 다른 점

정화조는 이름 그대로라면 깨끗하게 하는 탱크를 말한다. 학술명으로는 부패조(septic tank)로, 썩게 만드는 탱크를 말한다. 다시 말해 분뇨 덩어리를 없게 한다는 뜻이다. 혐기성 미생물을 이용하여 덩어리를 잘게 부수어 부패조를 통해 분뇨를 방출하면 덩어리가 없어 장기간 토양에 침투시킬 수 있다. 부패조를 통과한 후에 토양 침투시설을 통해 토양에 주입하는 것이 원래 목적이었는데 세월이 흐르면서 부패조의 바닥을 밀폐시키지 않고 그대로 토양에 침투시키게 사용하는 경우가 많다. 인도의 Ring toilet을 비롯하여 에콰도르의 정화조, 캄보디아나 네팔 등지도 이러한 정화조를 사용하고 있다. 캄보디아에서 사용하는 정화조와 이를 개선한 정화조를 그림 3.14와 3.15에 소개한다.

기존 정화조는 밑이 터져 있기 때문에 땅속으로 분뇨가 쉽게 통과할 수 있다. 단 토양이 점토질과 같이 투수성이 낮으면 통과가 어려우나 바닥이 있고 배플(baffle, 칸막이)이 적절히 설치된 정화조가 보다 효율이 클 것으로 보인다.

현재 캄보디아에서 사용하고 있는 토양침투식(soaking pit)은 직경 1 m, 높이 0.5 m인 콘크리트 관을 4개 포개서 얹어 놓은 설비 다음에 같은 크기의 콘크리트 관을 3개 얹어 놓은 것이 전부이다(그림 3.14). 화장실 청소수가 분뇨와 함께 바닥이 없는 콘크리트 관 속으로 들어가 일부 액체는 토양으로 흡수되고 덩어리는 그대로 남아 혐기성 분해가 이루어진다. 어느 정도 시간이 흘러 물이 잘 빠지지 않게 되면 넘치는 물이 다음 탱크로 들어가서 유사한 분해를 받게 되며 궁극적으로 물이 빠지지 않고 넘치면 청소가 필요하게 된다. 콘크리

그림 3.14 일반적으로 보급되는 밑이 터진 토양침투식 정화조(soaking pit)

트 관을 이용하는 이유는 비용이 저렴하기 때문이다.

청소액(septage)은 청소차로 뽑아내든가 사람의 힘으로 제거시켜야 한다. 5~10년에 한 번씩 청소가 필요하다고 한다. 이러한 변소는 바닥이 없기 때문에 인근 지하수를 오염시킬 가능성이 있다고 볼 수 있다.

반면에 제안된 정화조는 바닥이 막혀 있고 같은 크기의 콘크리트 관을 3개만 사용하지만 콘크리트관 내부는 3단으로 구분되어 혐기성 반응이 최대로 일어나도록 고안하였다(그림 3.15). 처리된 물은 흙둔덕(soil mound system)으로 유입

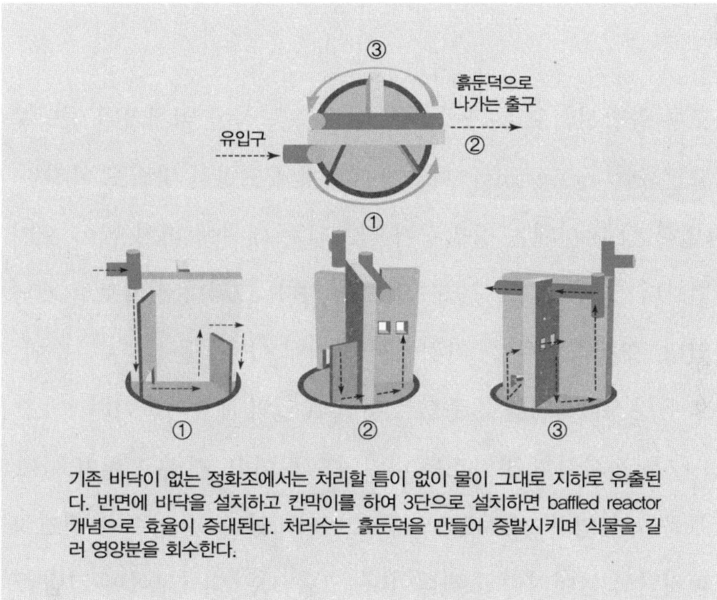

그림 3.15 3단 정화조의 세부 사항

(자료: Choi E (2015) Toilet waste management presented in the MRD meeting)

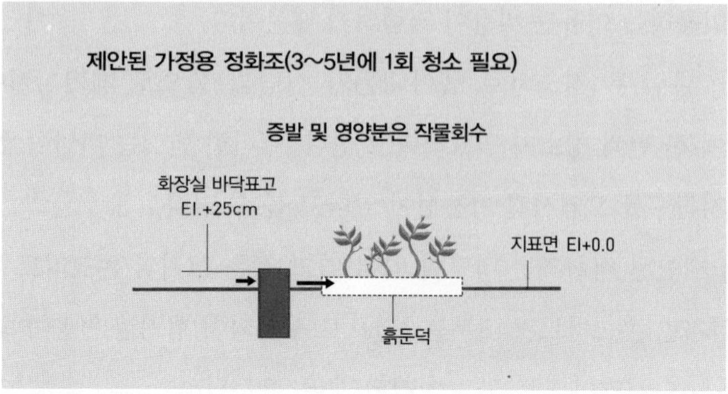

그림 3.16 3단 정화조로부터의 처리수의 이용
처리수는 습지나 흙둔덕 또는 화단에 이용한다.

되어 되도록 증발시키고 부근에 나무나 식물을 심어 미제거된 영양분이 흡수되도록 고안하였다(Choi, 2015). 이렇게 iWc에서 고안한 방법도 완전한 것은 아니다. 특별히 강우 시에는 증발량이 감소되는 대신에 비가 많이 오기 때문에 이전 방법보다 크게 낫다고 볼 수 없기도 하다. 그러나 진일보한 개념으로 자부하고 있다. 실제적으로 한 가정에서 변기에 사용하는 물은 하루에 약 50리터로 유효 용량 500리터를 기준으로 하면 10일의 체류기간이다.

그림 3.17은 직사각형 정화조를 나타낸 그림이다. 정화조 설치 시에 흔히 간과되는 부분을 설명한 것으로 3단으로 나타내었다. 유입수는 탱크 하단으로 골고루 퍼지면서 들어가야 효과적이다. 그림 (1)은 대규모이며 그림 (2)는 소규모 형태로 이해하면 될 것이다. 분뇨 내의 덩어리가 탱크 바닥에 있도록 배플(baffle)로 물 흐름을 유도하면 효율이 증가된다. 정화조의 효율이 50% 정도라

면 배플로 유도되는 ABR(anaerobic baffled reactor) 정화조인 경우에는 70~80%까지 효율이 증대된다. 처리수의 경우에는 반드시 스캄 배플(scum baffle)을 설치하여 정화조 내의 스캄(둥둥 떠 있는 것)이 외부로 방출되지 않도록 해야 한다. 공사의 편의상 유입구 쪽의 파이프가 수면 위에 있을 수 있고 출구 쪽에는 배플 없이 파이프만 연결되는 경우가 많다. 또한 탱크의 칸막이에는 중간 부분에 구멍만 뚫어 놓는 경우가 많은데 이것도 개선해야 될 부분이다.

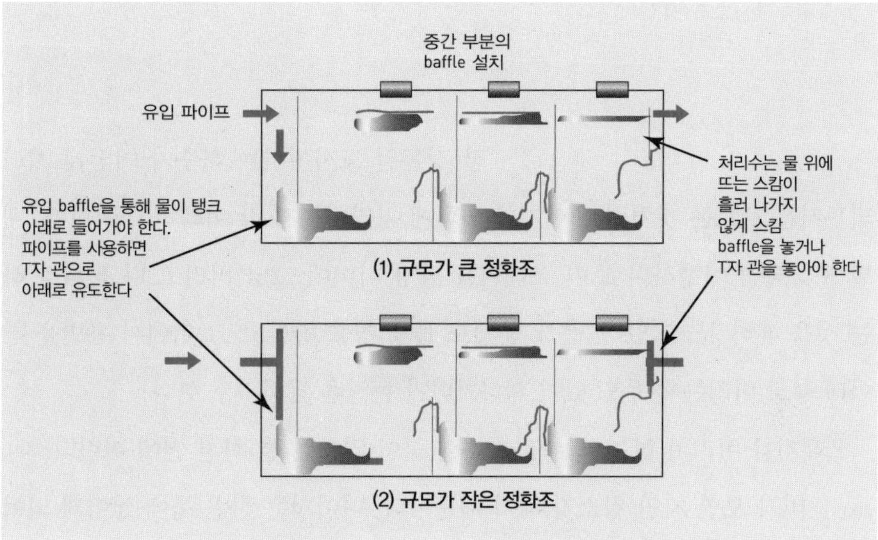

그림 3.17 직사각형 Anaerobic baffled reactor-septic tank의 효율화

쓰레기 문제

잘 정돈된 도시에서는 하수가 어떻게 처리되는지를 모르는 것처럼 쓰레기가 어떻게 처리되는지 잘 이해하기 어렵다. 개발 도상국을 여행하다 보면 쓰레기를 담장 너머에 그냥 버리고 나 몰라라 하는 것을 흔히 볼 수 있다. 분뇨 문제도 돌출 창을 만들고 그 위에서 용변을 창 아래 길로 버리는 경우도 있어 지나가다가 큰일을 당하기도 한다.

쓰레기를 버려야 하는데 마땅히 버릴 곳이 없으면 늘 하천 변에 버린다(푸러, 2005). 비가 오면 자연 청소가 되기 때문이다. 나머지는 하천 둑에 쌓이게 되어 그곳으로부터 침출수가 하천으로 들어가서 악취를 더하게 된다. 물은 흘러 하류로 이동되기 때문에 하류 어느 곳에서는 물을 사용할 때 수질 문제로 사용할 수 없게 될 수도 있다.

쓰레기 생산량은 한 사람당 하루에 약 1 kg 내외이다. 개발도상국에서는 개,

그림 3.18 쓰레기 문제

돼지, 소 등이 버린 쓰레기에서 먹을 것을 찾아 먹어 그 양이 감소되는 특성이 있다. 모인 쓰레기에 불을 놓아 태우기도 하여 수거되는 양은 지역마다 다르지만 약 0.5 kg 정도이다.

우리나라 쓰레기의 성상

우리나라는 추운 겨울이 있어 어떠한 연료를 사용하느냐에 따라 쓰레기의 생산량과 그 조성에 변화가 있었다. 연탄을 사용하던 시기의 주요 쓰레기는 연탄재였다. 연료가 가스나 석유로 변화되면서 수도권의 쓰레기의 성상은 하루 한 사람이 1.28 kg의 쓰레기를 버리는데 그중 0.27 kg(21.8%)이 음식쓰레기, 0.37 kg(29%)이 나무와 종이, 0.15 kg(11.7%)이 플라스틱류, 나머지 0.48 kg(37.5%)이 불활성물질(유리, 철, 건축 잔재물 등)로 구성된다. 전체 발열량은 약 2500 kcal/kg이다. 우리나라 전체 쓰레기의 약 15% 가량이 재활용되며, 50%

가량이 소각되고 나머지가 매립되고 있다. 캄보디아 프놈펜의 쓰레기 조성률은 음식쓰레기가 63.3%, 플라스틱류가 15.5%, 나무류가 6.8%, 종이류가 6.8%, 기타 3%로 2003년 현재 재이용률은 9.3%이다(Bunrith Seng, 2016). 우리나라에 비해 음식쓰레기와 같이 분해 가능한 부분이 많은 것이 특징이다. 하지만 캄보디아 전체를 볼 때에 퇴비화에 대한 보고는 없는 것으로 보인다. 일반적으로 쓰레기가 매립지까지 오는 과정에서 소, 개, 돼지가 먹을 만한 것은 먹고 플라스틱류와 함께 노천에서 태워지기 때문에 쓰레기 문제를 해결하기 위해서는 이러한 점을 고려하여 계획하여야 할 것이다.

4.
책을 마무리하면서

지속 발전을 위한 자원화의 추구

세계는 인구 증가에 따라 물 문제를 비롯해서 식량 문제, 자원 고갈, 기후 변화를 겪는 어려운 미래를 향해 나아가고 있다. 여기에서 중요한 부분이 물 문제인데 2050년에는 전체 인구의 절반 가량이 물 부족을 겪을 것으로 전망되고 있다. 가능한 에너지를 적게 사용하여 기후 변화를 최소화시키며 자원을 회수하려는 노력도 커질 것으로 보인다. 물 사용량 감소, 정수나 하수처리장에서 사용되는 에너지 감소 또는 에너지 생산, 비료 성분의 회수 등이 일반화되지 않을까 생각된다.

표 1.2는 우리나라의 위치를 보여 준다. 세계 평균 강우량은 한 사람당 연간 6000 m^3이나 우리는 절반에도 미치지 못하고 있다. 농지 면적도 자급에 필요한 0.13 ha의 25% 수준이다. 1인당 1일 전기 소요량은 24.8 kwh로 미국보다는 낮지만 유럽연합보다는 높은 편이다. 원자재를 수입하여 가공하여 수출

하는 결과에 기인하는 것으로 보인다. 결과적으로 연간 탄소 배출량은 1인당 12.28톤이나 된다.

지구의 인구는 현재 약 70억 명이며 2050년경에는 90~100억 명이 될 것이라는 전망이다. 1850년경에는 세계 인구가 12억 명에 불과하였으나 200년 동안에 8배나 증가하는 셈이다. 지금까지 에너지와 자원이 충분하다는 가정하에 과학기술을 이용하여 우리의 경제 발전이 이루어졌는데 이제는 우리가 식량 안보, 지구 온난화, 자원 고갈이라는 문제를 가지고 고민해야 할 시기인 것이다. 특히 물 문제는 식량과 관련이 크며 기후 변화는 가뭄과 홍수라는 문제를 내포하고 있어 물과 관련이 크다. 아울러 기후 변화는 에너지와 관련이 큰데 물 산업 역시 에너지를 소모하며 아울러 에너지를 생산하는 잠재력을 가지고 있어 물-농업-에너지를 함께 고려하는 연구와 산업 분야가 발전하고 있는 것이 오늘의 현실이다. 우리나라는 연간 1200억 톤의 비가 내리는데 이는 인구 1인당 2400톤에 해당한다. 그런데 가뭄이 있게 되면 1700톤 이하로 떨어져 물 부족 국가의 범위에 들고 있다. 2015년 현재 중부 지방은 42년 만의 가뭄으로 저수지가 바닥을 드러내고 있다. 2400톤 중에 실제로 이용 가능한 물은 700톤에 불과하며 이 중 62%가 농업, 12%가 산업용이고 나머지 25%가 생활용이다. 가뭄 해소용으로 이용 가능한 전천후 수자원은 하수이다. 하수 내에는 농업에 필요한 질소, 인 등이 많이 포함되어 있어 이를 이용하면 일석이조의 효과를 얻는 셈이 된다. 그림 4.1은 우리가 버리는 하수를 비롯해서 폐기물(도시 폐기물, 음식폐기물, 분뇨)로부터 회수 가능한 가치를 계산해 본 것인데 단위 가격이 시기에 따라 변화되므로 필요 시에는 적절히 고쳐서 사용하여야 할 것이다.

참고로 가정용 에너지는 전체 연간 1인당 수입 에너지 3400달러 중에 265달러이다. 난방비를 포함하면 890달러이다.

하수 내로 배출되는 1인당 질소 함량이 7~12 g이라고 하면 연간 4.4 kg이며 인을 1.5 g 배출한다고 하면 연간 0.5 kg이다. 이를 비료가치로 나타내면 약 2.2달러로 하수로부터 BIOGAS를 생산하는 것과 매우 유사하다. 단, 여기서 우리나라는 추운 겨울이 있어 생산된 에너지의 30%를 미생물 반응조의 가열로 소모한다. 실제로 에너지 생산 잠재력이 큰 것은 도시폐기물이다. 연간 약 110달러의 잠재력(이론적인 계산치)을 가지고 있으나 매립에 의해 회수하는 에너지는 14.6달러 정도이다. 음식폐기물의 잠재력은 6.4달러인데 실제로는 2.7달러에 불과하며 재래식 수거분뇨로부터 얻어지는 실제 에너지는 1.6달러에 불과하다. 실제 분뇨를 처리하는 데 소요되는 에너지는 6.3달러로 생산되는 에너지의 4배나 된다. 하수처리장에서 생산 가능한 에너지는 12.7달러이나 실제 생산되는 에너지는 1.6달러에 불과하다. 처리장의 규모가 커지면 소요 에너지가 3달러 정도이나 소규모에서는 45달러 가량 소요되어 어느 정도 큰 규모에서 에너지 회수가 가능한 것으로 보인다. 유럽을 필두로 하수처리장을 에너지 플랜트화하려는 노력을 하고 있는데, 이를 위한 전제 조건은 하수의 농도를 증가시키는 것이다. 유럽의 하수농도는 우리의 하수농도에 비해 2배 이상 높다. 우리가 사용하는 물의 양을 줄여야 한다. 독일은 우리가 사용하는 물의 약 1/3 수준인 120 LPCD를 사용하고 있다. 하수처리장으로부터 수익을 올리기 위해서는 각종 기기들을 적정하게 선택할 필요가 있다. 서울이나 대도시의 처리장을 주위의 냄새 불평등의 이유로 지하화하는 경우에는 에너지 소

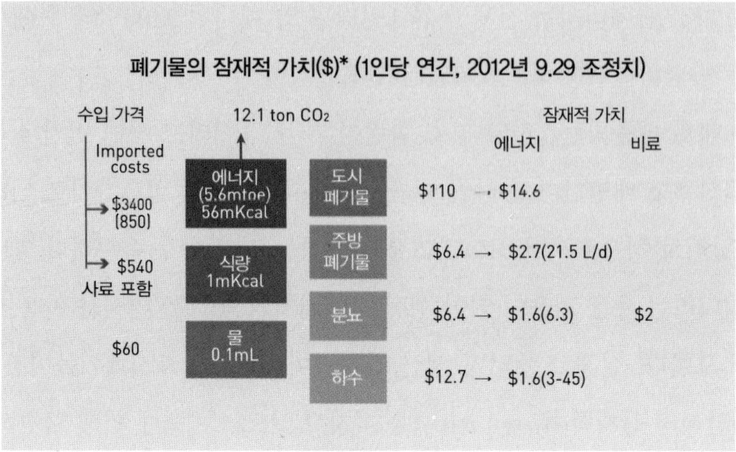

그림 4.1 회수 가능한 에너지와 비료 가치($)

*한 사람당 하루 배출량: 도시폐기물 1 Kg, 하수도는 60 g BOD, 7~12 gN, 1.5 gP로 가정함.
1 m^3 CH_4=9000 Kcal, 10,000 kcal는 1달러, 비료는 0.5달러/kg N, kwh=860 kcal로 가정함. 생산된 메탄가스의 약 30%는 소화조 가온으로 소모

요가 더 증대된다. 시설을 적정하게 하면 할수록 에너지 소요는 증대되며 기계화시키면 시킬수록 에너지 소요는 증대된다. 에너지와 달리 비료 성분은 쉽게 이용할 수 있는 장점이 있으나 식품 안전과 유관하여 버릴 때 각별하게 주의하여 소비자들의 호응을 얻어야 할 것으로 보인다.

이미 언급한 바와 같이 미국은 1994년 하수처리장 찌꺼기 관련 법규(sludge rule)를 만들고, 20년간의 연구 기간을 통해 하수 슬러지의 농업 이용의 길을 열어 놓았다. 반면에 우리나라는 하수 슬러지의 농업 이용을 원천적으로 못하게 한 것으로 보인다. 과거로부터 사용되어 오던 분뇨도 사용이 어려운 것으

로 알고 있다. 미래의 자원 고갈이라는 측면에서 새로운 길을 열어 놓고 이러한 가운데 얻어진 노하우를 국제 시장에 가지고 나가야 하지 않을까 생각된다. 에너지를 많이 사용하고 물을 많이 사용하는 기술을 다시 생각해 보아야 할 시점이다.

물의 재사용

정수장에서 에너지를 감소시키는 방법으로는 에너지 소요를 최소화시키는 방법밖에 없다. 궁극적으로는 급수배관의 길이를 짧게 하는 방법 외에 처리장 내에 설치 가능한 곳에 태양광 발전을 하던가 하는 것이 고작이다. 예를 들어 침전지 상부에 태양광 패널을 설치하면 녹조류 성장도 막고 전기도 생산 가능하다. 정수장에서는 다른 대안이 없는 반면에 하수처리장은 자원화 가능성이 높다. 우리나라 하수처리량은 하루에 약 2000만 m^3/d이다. 인구 1인당 400리터에 해당되는데 실제 수돗물 사용량보다 약 20% 높다. 그 이유는 빗물을 포함하여 하수관거로 지하수가 유입되기 때문으로 추정된다. 수돗물의 생산 단가가 850원/m^3인데 하수처리단가는 360원 정도로 수돗물의 약 42%이다. 사실상 수돗물 처리비용은 전기 값과 약품 값인데 수도파이프가 길어서 생기는 비용이 절대적으로 크다. 부산시의 경우

(그림 1.3 참조) 에너지 소요가 1인당 연간 71.9 kwh인데 이 중 77.7%가 급배수용에 소모된 것이며 나머지 22.3%인 16 kwh가 처리과정 중에 사용된 에너지이다. 즉 규모가 크면 에너지 소요량이 증대되는 반면에 하수처리장에서의 에너지 비용은 규모가 커질수록 작아지는 현상을 나타내고 있다. 하수관거는 자연 유하식으로 설계되기 때문이며 수도 파이프는 압력으로 밀어 내기 때문에 규모가 커지면 이에 따라 커지는 현상이 생긴다. 우리나라 하수처리장의 에너지 소모는 연간 1인당 대규모에서 45 kwh인데 비해 소규모에서는 180 kwh까지 증가하는데 에너지 절약 및 재생 시스템을 사용하는 유럽연합의 소요량에 비해 4배 가량 높다. 이 사실은 하수처리장은 어느 규모 이상 큰 것이 경제적이며 정수장은 되도록 수요처에 가깝게 소규모로 설치하는 것이 바람직하다는 결론에 도달한다. 참고로 하수처리장도 소규모에서 에너지를 작게 소요하는 방법을 택하면 이러한 문제를 극복할 수 있을 것이다. 이러한 방법으로는 기후가 좋은 열대지방에서 사용하는 습지처리나 산화지(WSP)가 대표적인 방법이라고 볼 수 있다. 이러한 방법은 소요부지가 넓은 것이 특색이며 낮은 온도에서는 적용이 어렵다.

하수를 농업에 이용한 예는 많다. 우리나라도 물이 모자라게 되면 하수를 농지에 이용하였다. 이제는 하수처리장의 처리수를 이용하기가 어렵지 않은데 직접 사용하는 것을 대부분 꺼림칙하게 생각하고 있다. 남아 있는 불순물이 농작물에 어떤 영향을 줄까 하는 우려 때문일 것이다. 반면에 처리된 하수를 하천이나 저수지에 넣은 후에 재이용하는 데에는 반대가 없는 것으로 보여진다. 하수 내에서 꺼림칙하게 생각되는 불순물은 PPCP(의약품과 개인 용품)와

EDC(환경 호르몬 물질)로 보인다. 처리된 하수를 재처리하여(역삼투와 자외선 소독 등을 거쳐) 저수지나 강에 넣었다가 다시 정수 처리하여 공급하였을 때에 건강상에 어떠한 문제도 발생하였다는 보고는 없는 것으로 보아 농업에 직접 이용하는 것은 별 문제가 없지 않을까 생각된다. 농지 자체가 미처리된 물질을 제거시키는 역할을 하기 때문이다. 물이 부족한 지역에서는 처리된 하수를 저수지 등에 넣었다가 다시 정수장으로 보내 음료수로 재사용하는 방법을 간접이용(indirect potable reuse: IPR)이라고 부르는데 직접이용(direct potable reuse: DPR)보다 시설비나 유지관리비 소요가 크다. 또한 증발량이 커서 물 부족 지역에서는 큰 손실이다. 장래 물 부족이 심각해지면 아마 직접이용이 되리라고 생각된다. 아울러 PPCP와 관련하여 섭취된 약품은 대부분 분뇨로 배설됨으로써 화장실 세척용수는 별도로 하수관거를 통해 배출하고, 하수처리장으로 지금과 같이 보내고 남은 물은 배출지점에서 처리 후에 화장실 세척용으로 재사용하면 수돗물의 사용량도 줄이고 하수의 농도는 높아져 하수처리장이 에너지 생산 PLANT가 되기도 쉬울 것으로 보인다. 실제로 물을 많이 사용하는 우리나라의 대형 호텔에서는 화장실 이외의 물을 처리하여 화장실 세척용으로 사용하는 예를 볼 수 있다. 결국 수돗물 값이 올라가면 자연스럽게 재사용률이 증가할 것으로 보인다.

미래의 물 시스템

선진국 중에서 가장 물을 적게 사용하는 나라는 독일이다. 2012년 기준, 하루 한 사람당 사용량이 193리터이다. 영국이 282리터, 일본이 345리터, 우리나라는 335리터이다. 이 중 상당량이 수세식 변소에 이용되는 물이다. 최소한도로 사용하는 양은 아마 1회 사용에 4리터 정도로 보인다. 1일 5회 화장실에 간다면 한 사람당 20리터이다. 아마 일반적인 가정에서는 이보다 훨씬 많이 사용할 것이다. 약 50리터 정도가 아닐까 추정된다. 가정용 상수도 사용량을 한 사람당 200리터로 보면 이 중 25% 이상이 화장실로 가는 것으로 추정된다.

분뇨는 이미 언급한 바와 같이(표 3.1 참조) 농촌이나 소규모 도시에서는 발생 오염 부하의 50% 정도를 차지하고 있다. 만약 분뇨 문제만 물을 안 쓰고 위생적으로 해결할 수 있다면 아주 좋은 방법이 될 것이다. 퇴비 변소가 그 예가 될 수 있는데 큰 도시에서는 이를 설치할 공간이 부족하다. 이러한 관점에서 최근에 개발된 태양광 발전 등을 통해 분뇨를 물리화학적으로 분해하여 유용한 물질로 전환시키는 연구를 빌게이츠 재단이 지원하고 있다. 여러 방법들에 대한 연구가 진행되는 것으로 보이지만 주요 내용은 오줌을 분리한 후 분을 유용한 물질로 만드는 방법이다. 오줌을 분리하지 않으면 증발에 많은 에너지가 소요되기 때문이다. 약 200도 내외의 저온에서 숯을 만들어 연료로 사용하든가 또는 농경지에 사용하여 미생물 번성을 촉진시켜 농작물 수확을 증대시키는 연구도 진행되는 것으로 알고 있다.

폐기물을 가지고 연료를 만드는 방법은 1980년대부터 시도되었다. 폐기물의 조성에 변화가 심해서 폐타이어를 이용하기도 하였다. 하수 슬러지를 가지고 연료를 만든 경우도 있다. 시설 규모가 어느 정도 커야 하는데 한 가구 또는 두세 가구를 대상으로 하는 소규모 시설은 매우 어려워 확실하지는 않지만 규모를 증대시키는 방향으로 연구가 집중되는 것으로 보인다.

이러한 건식 화장실의 이용을 대상으로 하는 곳은 인구밀도가 낮은 지역에 한하고 있다. 도시 중심부에는 어느 나라나 수세화되어 있어 오히려 이 변소들의 물 소요량을 줄이는 방안이 연구 대상이 되고 있다. 화장실 폐수(black water)는 농도도 높을 뿐 아니라 처리 후에도 색깔이 남는 문제가 있다. 따라서 이미 언급한 바와 같이 이는 기존 하수관거를 이용하여 하수처리장으로 보내고 화장실 청소수를 제외한 모든 물은 재처리하여 화장실 세척수, 정원용수 등으로 사용하는 방법이 현실적으로 쉽게 적용할 수 있는 방법이 아닐까 생각한다. 결과적으로 물 공급량은 감소하고 하수처리장의 농도는 높아져 에너지 회수가 용이해질 수 있는 장점이 있다.

개발도상국에는 변소가 아예 없는 곳도 많다. 대표적인 나라가 인도이다. 개와 돼지, 소가 청소부 역할을 한다. ODF(open defecation free: 노천에 배변이 없는 상태) 국가가 되기 위해 노력하지만 인구가 많아 어렵다. 캄보디아도 ODF가 되기 위해 노력하고 있다. 인도나 캄보디아에서의 문제점은 우리가 사용하던 재래식 변소보다는 수세식 문화에 익숙하여 뒤처리를 물로 하기 때문에 퇴비 변소를 적용하기 어렵다는 점이다. 즉 변소를 물과 함께 설치해야 한다는 점이다. 캄보디아나 네팔의 학교를 방문하여 보면 화장실에 열쇠가 잠겨 있다. 사용하기 어렵게 만들어 놓은 것이다. 캄보디아의 학교는 학생 수와 관계없이 연간 약 100달러의 유지 관리비가 나온다고 한다. 수세식 변소를 유지하기 위해서는 물이 필요한데 물을 공급하다 보면 돈도 들고 화장실을 많이 사용하다 보면 청소도 해야 하기 때문에 아예 문을 걸어 잠가 놓는 것이다. 이를 고려하면 소변 분리와 퇴비 변소를 보급하는 것이 미래 지향적인 지속가능한 방법이 아닐까 생각한다.

bottled water는 사용한 용기가 잘 회수되지도 않고 운송비용도 많이 들어 지속발전적인 방법이 아니라고 주장한다. 사실상 그 수질은 수돗물과 별 차이가 없는데 비해 가격은 매우 높다. 20리터짜리가 캄보디아의 농촌에서는 약 0.25~0.5달러이다. 에티오피아 농촌에서는 0.05~0.1달러이다. 물이 없는 곳에 정수시설을 하여 급배수를 하려면 비용이 증가하는데 그 비용을 감당할 능력도 없다. 따라서 bottled water로 물을 공급한다면 비교적 저렴한 가격으로 물 문제를 해결할 수 있지 않을까 하는 생각이다. 이 방법은 물론 도시에서도 제한 급수지역에서의 문제 해결에 큰 도움이 될 것으로 보인다. 반면에 작은 병은 사실상 회수가 어려우나 도시 지역에서 흔히 판매된다. 병이 클수록 회수가 잘되며 작을수록 회수가 안 된다. 병이 작을수록 이익이 증대되고 클수록 반감된다. 이러한 점을 고려할 때에 미래에는 수돗물의 질을 높이는 것도 중요하지만 좋은 품질이 요구되면 이에 맞추어 bottled water도 병행 생산하는 방법도 고려해 볼 수 있지 않을까 생각한다.

우리 몸은 물을 필요로 하고 있다. 물은 우리 몸의 온도를 조절하고 공급되는 물은 세포마다 제기능을 하도록 영양분을 조달하며 노폐물을 운반하여 땀으로, 호흡을 통해서, 그리고 배설물로 배출된다. 적절한 배출이 어려우면 몸에 독성물질이 축적되어 병을 유발한다. 마찬가지로 우리 자연 환경도 노폐물이 쌓이지 않게 적절히 분해되고 재생되어야 한다. 재생되지 못한 자연 환경은 우리에게 건강한 환경을 제공하지 못한다. 곧 불량한 식품과 불량한 물이 공급된다. 결과적으로 인간에게 위험한 환경이 되는 것이다. 이것이 우리가 잊지 말아야 할 부분이다. 처리된 하수에 무엇이 있을까 두려워하는 경우도 많은데 오래전부터 이스라엘은 전량 하수를 농업용수로 사용하고 있다. 미국의 캘리포니아 지역은 원래 사막인데 콜로라도 주로부터 물을 가져와 공급하였으나 공급량이 제한적이다 보니 처리된 하수를 전량 땅속에 넣어 재생하여 다시 먹는 물로 생산하고 있다. 처리된 하수로부터 음료수를 재생하는 기술은 이미 1990년대에 개발되었으나 심리적인 요인으로 직접 사용이 어려웠다. 생산된 물을 저수지에 넣어 희석시킨 후에 사용하는 추세였다. 하지만 직접 이용되고 있는 곳도 있다. 미국의 텍사스 주나 네바다 주의 Reno이다. 처음부터 주민들에게 생산 과정 등을 소개하면서 사업을 진행하면 큰 거부감 없이 급수한다고 한다. 사실 우리나라도 상류에서 버린 물이 강으로 들어가고 하류에서는 다시 물을 뽑아 쓴다. 이러한 물 때문에 수명이 짧아졌다는 보고는 들어 본 적이 없다. 앞의 그림 2.3에는 서울의 정수장과 하수처리장의 위치를 보여 준다. 1990년대 이전에는 대부분의 정수장이 한강 하류에 위치하고 있어 상류의 인구로부터 배출되는 하수 유입에 자유롭지 못하였다. 정수장과 하수처리장이 뒤섞여 있는 느낌이 든다. 왜 이런 상황이 되었을까 생각해 보면 이해가 잘 되지 않는다. 당시에는 상류로부터 파이프로 물을 가져올 경제적인 능력이 없었던 것으로 보인다.

후기

필자는 캄보디아에서 이 책을 마무리하고 있다. 집필을 시작한 것은 2010년 에콰도르에 KOICA 자문단의 일원으로 파견되었을 때이다. 우리나라와는 너무 다른 환경에서 그들이 먹고 마시는 물을 보면서 사람들이 너무 물에 대해 모른다고 생각하면서 자료를 모으기 시작하였다. 당시에는 새천년 목표 MDG가 5년이나 남아 있었는데, MDG도 2015년에 끝이 나고 SDG 사업으로 연장되었을 만큼 세월이 흘렀다. 대부분의 사람들은 깨끗한 물만 찾고 사용 후에는 아무렇게나 버린다. 그 중에서도 주로 화장실 폐액은 땅속으로 버린다. 에콰도르의 흙은 대부분 모래흙으로 삽시간에 물이 빠져서 하류로 이동한다. 이 때문에 이곳 사람들은 우물물에는 관심이 없고, 주로 산에서 물을 끌어와 먹는다. 남아메리카 대부분의 지역이 이와 비슷하다. 우리도 마찬가지가 아닐까? 먹는 물에는 관심이 있지만 우리가 버리는 물은 하수관거를 통해 없어진다고 생각하고 무엇을 버렸는지 생각도 하지 않는다. 하수에 대해서는 거의 관심이 없는 것이다.

후진국에서 보면 물이 공급되지 않는 지역에서는 빗물이나 지하수, 저수지 물을 사용한다. 필자가 머무는 이곳 캄보디아의 사람들은 빗물을 좋아한다. 또한 수세식 변소를 사용하지만 남미 사람들과 달리 화장지를 사용하지 않는다. 화장실 폐액을 땅속으로 버리는데 이곳의 흙은 주로 진흙이기 때문에 하류로 쉽게 이동하지는 않지만 우물물에서는 흔히 대장균이 검출된다. 이러한 이유에서인지 캄보디아 사람들은 빗물을 가장 좋아하고 다음이 저수지물, 그리고 마지막에 지하수를 사용한다. 지하수는 주로 허드렛물로 이용한다. 필자는 변소의 안전한 관리 없이는 먹는 물 관리가 어렵다고 생각한다. 제한 급수를 하는 곳에서는 거의 대장균이 발견되는데 이는 수압이 떨어지면 토양 내에 있던 대장균이 수도관으로 유입된 결과로 추정되기 때문이다. 대장균이 많은 곳이 바로 변소이다. 물이 부족한 곳에서는 퇴비 변소가 이상적이지만 변소 문화를 바꾸기는 쉽지 않다. 하루 일이 변소로 시작되는데 장소만 바꾸어도 변비가 되는 경우가 많기 때문이다. 즐거운 하루는 변소로부터 시작되니 점차적으로 그 나라의 습관을 바꾸어 나가야 할 것으로 보인다.

우리나라는 인프라가 없는 상태에서 지금까지 발전하여 왔지만 소비가 과중한 면이 있다. 물은 하루에 한 사람당 350리터, 전기는 한 달에 100 kwh를 소비하고 있다. 매일 2500 kcal의 폐기물과 34 kg의 이산화 탄소, COD 50 g의 음식폐기물을 버리고 있다. 조금만 주의하면 지구 현안 문제 해결에 큰 도움이 될 수 있을 것으로 보인다.

참고문헌

국토해양부, 2006, 수자원 장기종합계획

국토해양부, 2015, 물과 미래; 2015 세계의 날 자료집

김상문, 류문현, 2009, 병입 수돗물 시장규모 추정연구, 대한상하수도학회지, 23, 6, 753

김성원 Kim S, 2008, NBD COD accumulation in source water: Its cause and characteristics, PhD thesis, Korea University, Seoul

마사루 에모토, 2008, 물은 답을 알고 있다, 양억관 옮김, 더난출판사

박상정 외, 2010, 국내 5만 톤/일 이상의 정수장에서의 cryptosporidium 검출률, 물환경학회지, 26, 2, 261

박혜경, 2012, 기후 변화와 조류발생, 조류저감기술 종합발표회, 환경부

부레그, 1990, 물의 신비, 한국예술사

브리그스 피터, 1969 물-생명의 기원(정음사에서 번역출판: 최영박)

상수도 수도 시설기준, 2010, 한국상하수도협회

식품의약품안전처, 2016, 제1차 당류저감 종합계획 2016-2020

오르세나 에릭, 2009, 물의 미래, 양영란 역, 김영사

이연희 등, 2012, 수돗물 병입수중 소독부산물 aldehyde의 발생특성, 물환경학회지, 28, 5, 754

이원환, 2010, 사대 강 살리기 마스터플랜 수정되어야 한다, 자연과 문명의 조화, 대한토목학회지, 58, 5,60

이장호외, 2010, 팔당호의 질소거동과 수지, 물환경학회지, 26, 1, 71

정운천, 2009, 박비향, 올림출판사

최의소, 1982, 분뇨의 농업이용, 국립환경연구원보, NEPI, 4, 241-246 (No. 82-32-081)

최의소, 1985, 폐기물 처리와 자원화, 청문각

최의소, 1995, 상하수도 공학, 청문각

최의소 외, Choi E, J. Choi, J. Ahn and Z. Yun, 2003, The functional analysis of compost toilet for remote areas, IWA specialist conference on ecological sanitation, Lubeck, Germany

최의소, 2008, Issues on water management: For sustainable aquaolis, ICAP 2008 Busan, Plenary Session

최의소, 2009, Potentialities and barriers for low carbon emission towards a greener sewage management, The 5th ICSWE, Seoul, Korea

푸러 다니엘, 2005, 화장실의 작은 역사, 선우미정 옮김, 들녘

Batmanghelidj F, 2003, 물은 치료의 핵심이다, 김성미 옮김, 물병자리

BIS(bank for international settlement) report, 2011, Migration and Global Environmental Change

Bunrith Seng, 2016, Municipal solid waste management in Phnom Penh, Japan society of material cycles and waste management, http://doi.org/10.14912/jsmcwm.21.0.295.0

Choi E, 2015, Toilet waste management presented in the MRD meeting, Cambodia

Drangert J O, 1998, Urine blindness and the use of nutrients from human excreta in urban agriculture, GeoJournal, 45, 3, 201-208

FAO, 2004, World agriculture towards 2015/2030

Nelson M, Cattin F, 2014, Greening the planet- wastewater garden, World Water, July/August 2014

OECD, 2011, An OECD perceptive; Benefits of investing water and sanitation

Philos membrane, www.philosmembrane.com

RDI Resource Development International, 캄보디아 소재 ceramic filter 제조사, http://rdic.org

Schumacher E F, 중간기술 또는 적정기술의 제안자

Shuval, 1990, Wastewater irrigation in developing countries, Summary of World Bank, Paper N0. 51, The world Bank

Shwalfenberg G K, 2012, The alkaline diet: Is there evidence the alkaline pH diet benefits health? J of Environmental and public health, Published on line 2012 Oct 12, doi: 10.1155/2012/727630)

US EPA Federal Register, 1993, Standards for the use or disposal of sewage sludge rule, 58(32): 9247-9420

van Vuuren et al, 2010, Phosphorus demand for 1970-2100 period, Global environmental change, 20:428-439

Virtual water, Prof John Anthony Allan from Kings College

von Sperling & others, 2006, April, Wastewater treatment in warm climates, Water 21, 17

World water forum, 2015, side event, accelerating progress in sanitation, Tim Brewer, Water Aid, The political economy of sanitation in East Asia

Wegelin M et al, 2001, Does sunlight change the material and content of PET bottles? AQUA 50.3, IWA Publishing

WHO, 2009, Calcium and magnesium in drinking water: Public health significance

WHO, 2011, Manganese in drinking water quality: Public health significance

WHO, 2012, Global costs and benefit of drinking water supply and sanitation interventions to reach the MDG target and universal coverage, WHO/HSE/WSH/12.01

WHO, UNICEF, 2014, Ebola virus disease: Key questions and answers concerning water, sanitation and hygiene

찾아보기